Adam von Bodenstein

Das Buch Paramirum Aureoli Theophrasti Paracelsi

Darin wird traktiert von Krankheiten und Herkommen Corporis Spermatis und auch Corporis

Misericordiae

Adam von Bodenstein

Das Buch Paramirum Aureoli Theophrasti Paracelsi
Darin wird traktiert von Krankheiten und Herkommen Corporis Spermatis und auch Corporis Misericordiae

ISBN/EAN: 9783743613775

Hergestellt in Europa, USA, Kanada, Australien, Japan

Cover: Foto ©berggeist007 / pixelio.de

Manufactured and distributed by brebook publishing software (www.brebook.com)

Adam von Bodenstein

Das Buch Paramirum Aureoli Theophrasti Paracelsi

Paracelsus.- Das
Theophrasti Para
wirdt von karnok
Corporis spermat
misericordiae.Itu
heit der künsten
krankheiten.8o.(
Das Rich peramiru
Columnae Philosop
mia und Virtus
ti Medicin furdi
Item von Aderlass
gierens rechtem O
Frankfurt/M. Greno

Paracelsus.— Das Buch Paramirum
Theophrasti Paracelsi. Darinn tr
wirdt ver karnckheiten unnd herk
Corporis spermatis, unnd auch co
misericordiae. Item vom Fundament
heit der künsten der seelen und
kranckheiten. 8°. (16 + 128 Bll.)—
Das Buch paramirum aureoli, darin
Columnae Philosophiae, Astronomi
mia unnd Virtus, auff welche T
ti Medicin fundirt ist, tractir
Item von Aderlassen, Schrepffens
gierens rechtem Gebrauch. 8° (8+17
Frankfurt/M. Egenolf 1565.

Das Buch.

PARAMIRVM
AVREOLI THEOPHRASTI

Paracelsi: Darinn tractirt wirdt
von kranckheiten vnnd herkommen
Corporis spermatis, vnnd auch
Corporis misericordiæ.

☞ ✳ ☜

Item/

Vom Fundament vnd

weißheit der künsten/ der seelen
vnd leibs kranckheiten.

New in Truck verfertiget/ durch Docto-
rem Adamum von Bodenstein.

☞ ✳ ☜

Ανεχου και απεχου.

Cum Priuilegio Imperiali nouo.
Getruckt zu Franckfurt/ bey Chri.
Egenolffs Erben.
1565

3

Den Ehren-
uesten/Frommen/Für.
sichtigen/ Ersamen/ vnnd Weisen
Burgermeister/vnd Rath der Stat
Mülhausen/ Wünsch ich Adam von
Bodenstein/ gesundes leben/ glück:
liche Regierung vnd die Se-
ligkeyt in Christo
Ihesu.

EIn grosse gnade
Gottes ists/ groß
günstige Herzen/
Wañ den vnder-
thanen ein getre-
we sanfftmütige Oberkeyt
fürgesetzt wirdt / die alles
was jren Bürgern vnd In-
wonern nutzlich / mit höch-
stem ernst vnd fleiß bedenckt
zu fürdern/Vñ so võ jnen et-

A ii

was statuirt vnd fürgenom
men / vnnd von den einfelti-
gen auß vnuerstand/vñ doch
keiner Auffrhürischen mey=
nung / nicht wie billich ver=
standen oder auffgenommen
werden / fein demütig mit
sanfftmüt vbersicht/vnd der
schwachen vnwissenheit mit
gedult tregt / gedencket die
zeit bringt Rosen. Also hat
Gott der Allmechtig in ge=
genwertiger guldinen zeit/
da das Wort Gottes hell an
tag/dergleichē alle güte kün=
sten so herzlich herfür ge=
bracht werden / vns Teut=
schen vor allen völckern vn=
der der Sonnen / inn aller
herzschung sondere vñ hoch
begabte vorständer mitge=
theilt/

theilt / die ihrem berůff gar
herzlich nachseßen / welches
sonst vilen diser welt nicht
begegnet / ja auch vns / wo
wir in vndanckbarkeyt ver-
harren / wol wider gänßlich
enzogen mag werden. Daß
wer wolt diser zeiten / dariñ
so fürtreffliche / frome / hoch
uerstándige Mánner vnnd
Christen bey vns Teutschen
in allerley regierungen gele-
bet / nicht für die hóchste ga-
ben erkennen? da klárlich of-
fenbar / daß *Hermannus* vonn
Wyda / gwißlich ein heiliger
bey Gott / *Huldricus* von Hut
ten / *Henricus Cornelius* vonn
Nerteßheim / *Abbas Trittemi-*
us, Martinus Luther, Oecolam-
padius, Bucerus, Erasmus Rotero.

A iij

damus, *Philippus Melanthon*,
Theophrastus von Hohenheim/
Bischoff Scheit vonn Sittach/Sigmund Füger vonn
Schwatz/ sampt vilen andn
geistlichen vnd weltlichē ver
wesern Götlichs vnd natür
lichs liechts gelebt/ vnd jre
uocationes verricht/daß vil die
gleichwol der allmechtigkeit
des Herrn wol bericht/sich zů
höchsten verwundern. Es
wirt auch deren vñ anderer
wie erst billich / hertlich ge-
dacht/Aber des Monarchen
der gewissen gegründtē Me
dicin/wirdt noch zur zeit nit
vil(dann allein bei den liebha
bern Christenlicher künsten/
vñ so seine schrifften gelesen)
in ehren vñ hochachtüg/ wie
                    gesche-

gschehē solt vñ můß / gehaltē
od gedacht / zum theil daß er
sich in seinem schreiben gegen
den vnuerstendigen eins zu=
uil scharpffen *styli* gebraucht /
Zum teil / dz seine *principia* jetzi
ger welt / aber nit der natur
new sind. Zum teil / dz etliche
faule *patres medicæ artis* nicht
allein sich selbs zu bessern be=
schemend / sonder auch die ju
gend / den Theophrastum vñ
seine fundirte Schrifften zu=
lesen abweisend / vñ dennoch
etlich mit vngrund vnd eite=
lem langem geschwetz / *Para=*
cellsum, als sey er nur ein *Empy=*
ricus gewesen / auffschreien /
vnangesehen / daß die selbi=
gen keine satte Theoric / vil
weniger Practic bey jhnen

A iiij

haben/vnd abschrecken/also
mit jhrem vnbedechtlichen
aufgiessen / manches redli-
ches junges hertz/so jnen als
denen / so Christliche war-
haffte gemüter haben sollē/
glauben gebē. Aber auß son-
derbarer fürsehūg Gottes/
ist die jugendt jetzund so ge-
scheid/so gelert/vñ begirig/
fundirte vnnd wolerbawte
künst zulernē/ Daß ich zweif
fels ohn / es sey nun alle tag
die Gnadenzeit/darinn kein
abmanen helffen/sonder die
jugent sich gegen Gott danck-
bar/mit annemung des gütē
erzeigen/vñ hertzlich bereit-
hen werde/daß sie jr zeit vñ
vil güter stunden/in künsten
die auff der Heydi geschwetz
vnd

vnd eitel ſand gebawt ſind/
vergeblich hingebracht/Wie
mir ſelbs/der doch (one rhů=
me zumelden) nicht der we=
nigeſt *Medicus*,beſchehen/vñ
vierzehen jar mit practicirē
auß *Galeno*/*Hipocrate*/*Auicen-
na*/*Sauonorola*/*Meſue*/ *Raſe* vñ
Empyriſchen hinbracht vnd
wol erneert.   Nun hielt ich
fürwar hinder dem hag/
ſchwig ſtill/vnd gebrauchte
mich diſer hertzlichen Künſtē
vnd Scientien/ſo mir Gott
gnedigklich mitgetheilt / al-
lein / darmit ich gewißlich
mehr dann jemand mutmaſ-
ſen dorffte / vberkommen
kondte / Sagte gern nie-
mandt / was/wie/auß was
grundt vnnd wen ich artzte/

A v

allen vnglimpff ſo mir vorſte
het zuuerhůte/wo mich nicht
drey erheblich vrſachen dazů
trieben. Als erſtlich mein ei⸗
gen gwiſſen/welchs mir tag
vnd nacht (wie Gott weiſt)
einbildet / vñ mich on vnder⸗
laß treibt / Die warheit ſey
nit zu hinderhaltē/ſie werde
obligen / vnnd einen groſſen
anhang habē. Das ander ſo
mir tåglich vor meinen augē
ſchwebt/daß alle ding in das
ende beſchaffen / Derwegen
ich für die dritt vrſach in be⸗
dacht / daß ich meines ends
gewiß / aber der ſtund vnge⸗
wiß / vnnd der neben menſch
gleich ſo wol das ebenbild
Gottes als ich / vnd ich den⸗
ſelbē als wol als mich ſelbs zu
lieben

liebē schuldig / nit anderst er-
wegen mógē / dañ daß es mir
gegen Gott vnnd den men-
schen hoch zuuerantworten
sein würde / wo ich den edlen
schatz *Medicinæ*, so *Aureolus
Theophrastus Paracelsus*, rß dem
liecht der natur / ᵈ erst *medicus*,
geschriben / vñ ich hinder mir
hab verhaltē / vnd nit añ tag
komen lassen vnd geben sol-
te. Wiewol ich nun gewiß
bin / dz ich von den jenigē (de-
ren ich wenig acht) so vermei
nen / es gelt gleich wie einer
sich ernecre vñ gelt vberkom-
me / allein daß es da sey / auch
fürgeben dórffen / daß ein *me-
dicus* saubere hánd habē soll /
vnd der kolen / des feurwer-
ckes / auch anderer dergleichē
ding

ding müſſig ſtehn/vñ an ſtat
der botten vnnd alembic die
vrinalia/ja guckgauch neſter
fürwenden/ groſſen vnwil‑
len vnd haſſz auff mich laden
wirt/So weiß ich doch dar
gegen/daß ich ein werckzeug
Gottes/vnd ſeinen auſstru‑
ckenlichen befelch für mich
habe/ Da er ſpricht: Imm
ſchweiß deines angeſichts
ſoltu dich erneren. Derhof‑
fende/ durch mein biſanher
ernſtliche vnd groß gehabte
mühe vnd arbeit/ angewen‑
ten vnkoſten/ ſo mir täglich
derhalb auffgeht/ nicht vn‑
gebürlich zuſein/ wie ja mei‑
ne miſgönner ſolches auſsle‑
gen/denſelben wider zuerho
len/ vnnd meinen patienten
der

der Cur vnnd gegründten
Artznei gemesse belonung zu
fordern vnd abzunemen / die
doch mit gelt nicht genüg-
sam vergolten werden mag /
vnnd also mit freuden / lust /
ehren vnd lob / mich vnd die
meinen hinzubringen. Neben
dem allem verursachet mich
zu publicierung der Bücher
Paracelsi nit wenig / das ich
deren vil weiß / so die *Excre-
menta trium primarum,* welches
materia peccans, on allen grund
genennt wirdt / außtreiben /
Dann das *Excrementum Mer-
curij* können auch die Bauren
bißanher durch *Theria- um Mi-
thridat / Ebulum / *Schweißbä-
der / Euomieren / Die *Excre-
menta Sulphuris* mit *Turbit, Esula,
Sene,*

Sene, Nießwurtz / Dreibkör-
ner / durch die stůlgäng. Itē /
die *Excrementa Salis*, mit Pe-
terlin / Epfich / Ephew / im
harn außfůren. Der aber / so
den zerstörer diser *primarum*,
auch jrer Excrementen recht
erkeñen / corrigiren vñ wider
in sein rechte volkommenheit
bringē mögen / Ist vor Theo-
phrasto / auß des menschen
samen nie keiner in dise welt
komen / vnd aber hierinn der
höchst vnd fürnembste griff
aller erkantnuß der kranck-
heiten ligt / wolt Gott menig
klich vernems mit einem vol-
kommenen *iudicio*. So hab ich
in bedacht / meines bald her-
schleichenden endes / mein ge-
wissen zu raumen / vnd mei-
nen

nen neben menſchen / dieweil
Theophraſtus ſolchē hand⸗
griff gewiſen / ernſtliche für⸗
derung zuthůn beſchloſſen.
Demnach daſ / günſtige Her⸗
ren / ich befind / dz Gott euch
Regenten der löblichen ſtatt
Mülhauſen / auß ſeinem hei⸗
ligen ſitz / ſonderbare erleuch
tung gethon / vnd noch täg⸗
lich thůt / inn vnd durch wel⸗
che ir ſanfftmůtig vnnd mit
rhům regierend / in welchem
dann einer Oberkeit trew zů
beſten erkennt vnnd geſpürt
wirt. Beuorab ſo der Ma⸗
giſtrat auß rechtem Chriſtli⸗
chem eyfer / dz wort Gottes
rein vñ vngfelſcht ordenlich
fürtragē vñ predigē laſt / vñ
gůte policei erhelt / auch nebē
denen /

denen / fürsehung thůt / das
in fürfallenden nören/die wi
der wertigen zůfáll mensch.
lichs Córpers bey den ewe
ren abgewendt vnd verbes
sert werden / wie ein jeder
verstándiger auß den Gots
fórchtigen / ernsthafften ver
kündern des allein heilma
chenden wort Gottes/so bei
euch wonen/abzunemen/inn
mittheilung aller billigkeyt
vnnd rechtens gegen menig
klich/Beuorab der mitleidli
chen gedult/so jhr gegen den
einfáltigē táglichs erzeiget/
zusehen / vñ dañ das jr in be
stellung der Ärtzet nicht spa
ret / offentlich gespürt wirt/
welches dann nach dem hei
ligen Euangelio das gróste
kleinot

kleinot vñ höchste zůuerſicht
den jnwonern ſein / vnd bil-
lich eweren Burgern gegen
euch ein groß vnnd gůt hertz
machē ſol vnd thůt. So hab
ich in bedacht diß alles diſen
Paramirum Theophraſti, vnder
ewerm ſchirm inn Truck ge-
ben/darinnen jhr Gott noch
mehz inn euſſerlichen dingen
erkennen/ vnd euch billich im
HERRN beluſtigen wer-
den/ vnd Gott loben mögē/
daß er eben euch die zeit mit
gnaden erleben laſſen/ da al-
le kranckheiten vnd der ſelbē
viererley vmb der ſünde wil
len/ ja auch der todt geſen-
det/vnd in diſer welt ſich er-
äugen/ vñ gehauffet. Herge
gen ein Medicin. ſo auff Got

B

vnnd die natur wol gegründ
det/mit freuden/vnnd war-
heit an tag/vnnd doch gantz
einfaltig/schlecht vñ gerecht
gebzacht wirdt / Auch in di-
sem *Paramiro* der rechtschaffe
nen Artzney / gerechte *princi-*
pia, dergleichen daß alle ding
empfindtlich vñ vnempfindt
lich in dzey ding gesetzt sein/
declarirt werden / Nemlich/
Mercurius, Sulphur vnd *Sal,* auß
denen kompt alle gesundheit
vnd kranckheit / die *Corpora*
betreffend in der differentz/
wie sie an jhnen selbs seind/
Auch alles darbey so *Philoso-*
phia oder *Medicina* handelt/
auß disen dzeyen gehen müß/
Dann welcher schon in ewig
keit *Materiam, formam* vnd *pri-*
uationem

nationem imaginiert / so artzet
er doch nichts gründtliches /
sonder es heisset allein imagi
nirt / gewenet vnd nichts wif
sen / dann dardurch wirt der
so solcher weiß nachuolget 8
materi / form / vnd der waren
kunst des Cörpers beraupt.
Welcher aber dise drei gemel
te ding wie sie in der grossen
vñ kleinen welt / als dem Hi=
mel / erden / thier vñ menschē /
in jhrer Anatomia stehen / er-
kennt / der ist ein rechter Me.
dicus, wirt dise kranckheiten /
so biß anher mir vnd meinem
hauffen zucurirn nit möglich
gwest / auß dem grüd curirn /
vñ zu rechter gegründter hei
lüg bringē wirt erstlich Got
dē vatter / Got dēson / Got dē

B   ij

heiligen Geist erkennen vnd
verehren / vnnd darnach die
Arcana, Tincturen vnd Quin-
tum esse haben/ würd her schë/
vber das so im menschen zur
feulung geht / dasselb hinne-
men/purgiren/mundificirn/
vnd mit dem Saltz balsami-
ren/ Wirt hinfüren was inn
die consumption geht/durch
Mercurium. Wirt herschen
vber das so vonn disen erst-
gemelten zweien/zu vil/oder
von jhnen zerbricht mit Sul-
phure / Wirt wissen vnd ver-
steben · daß die kranckheiten
auß jhrer eignen hoffart/
gleich wie Lucifer im Himel
entsprunge/auß welcher auch
alle innerliche krieg jren vr-
sprung nemen. Er wirt auch
ob

ob keiner kranckheit erschre-
cken/ Sondern sich tröstlich
erinnern vnnd ermanen/daß
die Medicin alle seuchten/
durch die krafft des gebots/
heile/dann der *Medicus* vnd
die Medicin seind beschaffen
den leib zu bewaren / durch
die macht / so die seel im leib
auch bewart. Er wirt auch
wissen/ daß der Artzt nicht
allein von des pfnusels/zan-
wehs/ der wiblen vnd eißln/
sonder eben als wol vm̃ des
aussatz/jehen tods/fallenden
sucht/ Podagra/ vñ anderer
kranckheiten/ nichts aufge-
nommen/ beschaffen ist/vnd
alle Artzney auff erden sey/
wie dañ Gott nie kein kranck-
heit auff erden hat kommen

laſſen / deren er nit auch jhꝛe
Artzney beſchaffen / vil mehꝛ
wirdt er nicht zweiffeln an
Gottes gnad vnd trew / daß
daran etwas abgehe / ja das
ynmöglich / dieweil er vns dē
leib / das bꝛot / alle tag täglich
mittheilet / daß er vns kranck-
heiten / zu ſeiner genanten
ſtund zuheilen abſchlage / als
der ſo des krancken ſünders
bekerung vnd leben / vñ nicht
den tod wil. Wañ dann ſol-
cher ſteiffer glaub auff Gott
vnd das liecht der natur ſte-
het / ſo ſind *arcana* voꝛhandē /
ſo nit alte / ſonð newe ding /
nit ein alte / ſonder ein newe
geburt ſeind / Dann die alten
generationes ſind die weſen vñ
foꝛm / wie ſie in d welt ſtehn /
Vnd

Vñ zu gleicher weiß/wie vns
die formen solcher ding nicht
nutzen/sonder sie müssen zer-
stört/vnnd ein newe darauß
werdē/also müß auch da sein
ein verlierung aller alter ei-
genschafft/kelten vñ werme/
das ist/ Es sei dann sach daß
Solatrus sein kelte verlier / so
wirts kein artzney sein/ dz ist
in der suma/Es sey dañ sach
daß alle alte geburt absterbe/
vñ in die new gefürt werde/
sonst werden kein artzney da
sein / Das absterben ist ein
anfang der zerlegung des bö
sen vnd gůtē/ Also bleibt die
letst/die newgeborne Artznei
on alle complex vñ ein lötigs
arcanum. Solche Artznei habē
wir võ Got/vñ durch vnsern

B iij

auffrechten / getrewen *Theo-*
phrastum Paracelsum, wellicher
durch Spagyrischen proceß
vns leret den außzug vnnd
die scheidung des gůtē vom
bösen / gleich wie die Bynen
jr Alchimey habē im auffau-
gen auß allerhand blůmen/
gesunden vñ gifftigen/allein
des gůten so das honig ma-
chet. Solche hohe notwen-
dige/nutzbare ding werdē in
disem Theophrastinischē *Pa-*
ramiro erkläret. Welchen ich
Ewer Ehrnuest/Ersam vñ
Weißheit/zu beweisung mei
nes gůten vnnd dienstlichen
willens / zu einer ermanung
dedicier / daß jr das Christ-
liche werck/ wie bißanher be
schehen / ein namhaffte Tru-
ckerey

ckerey zu fürdern / mit hilff
vnd rath fortsetzen / vñ allen
möglichen fürschub darzu
thůn wöllet / Durch wel-
ches dann die Schůlen vnd
gůte Künste hertzlich geauff-
net vnnd erbawet werden /
freundtlich vnnd dienstlich
bittend / Jhr wöllet solche
mein gab / so im ansehen ge-
ring / aber im innhalt hertz-
lich vnnd groß genůg / mit
günstigem gemůt vnnd wil-
len auffnemen / vnnd mich je-
der zeit inn günstigem vnnd
freundtlichem beuelch habe.
Der Allmechtige Gott wöl-
le Ewer Ehrnuest / Ersam
vnd Weißheit inn langwiri-
ger Regierung vnd gesund.

heit erhalten. *Datum* Basel
am tag Bartholomei des
heiligen Apostels/ *An-*
no *M.D.LXII.*

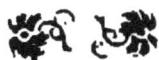

Des

Des Hochgelerten Herren Doctoris Valentij Antrapaſſi Silerani Prologus, vber die Bücher Theophraſti Paracelſi.

Ach dem vnd ich durchleſen hab die Lateiniſchen Bücher des thewren groſſen Philoſophi vnd Medici Theophraſti in der artzney/ vnd in der Philoſophey/ Deßgleichē die Arabiſchen vñ Caldeiſchen Doctores/ auch die Griechiſchē/ erfindet ſich die ſchrifft Theophraſti gründtlicher vnd gewarſamlicher außlegung/ dañ die ſchrifft Auicennæ, Hypocratis, oder Galeni/ Auch ſeind ſeine recept ſcherpffer ergründt vnd bewerdt dañ die recepten Raſis, Meſuæ, vnd anderer der alten/ gleich wie ein Silber durch ein fewr probiert/ alſo ſind die ſchrifften

schrifften Theophrasti hundertmal
gründelicher durchfarn / Sein mei-
nung inn allen seinen Büchern von
der Artzney / concordirt nicht mit
den Alten/ noch die alten mit jhme/
Sonder all sein practic vnnd theoric
hat einen sonderlichen verstandt/ als
dann in jnen erlesen wirt. Er ist ein
ernewerer vnnd rechter erfinder der
Artzney / so nicht auß den Büchern
der alte schreibt/ Sonder auß einem
gantz besonderen Philosophischen
grund/ als weiß vnd schwartz / Vnd
wann sein schreiben seiner bücher nit
bewert weren in all weg vnnd war-
hafftig erfunden/ mit mehrern freu-
den vnd nutz dann die andern/ so het-
ten jne die Athenischen nicht für ein
destructorem aller irrungen/ vnd ein
rechten wegweiser des grunds Me-
dicinæ : Darumb jne auch die He-
breische den andern Rabbi Moysen
nennen/

nennen / erkennen ihne scherpffer ge-
schriben haben dann Rabbi Moyses/
Die Pessularischen nanten ihn den
teutschen Hypocratem / vnd newen
Aesculapium. Darumb dieweil vñ
wir solch lob disem teutschen Philo-
sopho vnd Medico sehen geben/ Ja
demnach wir die groß nutzbarkeyt
für den gemeinen nutz der welt inn
seinen Büchern funden / bezwinget
das Göttliche gebott die liebe inn vn-
serm nechsten zu erfüllen/ vnnd sie zu
teutschen/ damit daß der gemeine
Man/ dem vnbekant ist das Latein/
seiner schrifften geniessen mög/ Wie-
wol ich zum vierdten mal hinderhal-
ten/ vnnd durch andere Doctor auß
grossem neid gehindert worden/ vnnd
mir erst das vierdte fürnemen gera-
then. Doctor Cyperinus Aelaenus
hat ihne in Welscher vnd Frantzösi-
scher zungen transferirt / Bebeus
                                    Ramdus

Prologus.

Ramdus hat alle seine Bücher der
Artzney zu Griechischer zungeu ver=
wandlet / damit / daß der gemeine
Man darauß ein verstand hab. Dar=
umb daß kein trefflicher Artzet ietz
vnsers gedenckens nit sey / Als Ale=
xander Perseus von disem Theo=
phrasto inn einer Epistel schreibet /
vermeinend / daß seins gleichē nie ge=
boren sey / vnd in jme der rechte grund
genügsamlich erfunden werde / zu
verstehn sein aller klügiste Sententz
vnd declarationes, So ist doch nicht
der sinnen diser Theophrastus / daß
er seine werck mit seiner verwilli=
gung an den tag hab lassen kommen /
vnd dargeben wöllen / Dañ sie seind
jme auß einer vermaureten maur in
seinem abwesen verstolen worden /
durch anzeigung seiner diener. Dar=
nach sind sie mir in die hand worden /
vnd Calcaio Neapolitano / vnd Mi=
chaeli

chaeli Greiffsteiner / haben wir sein
Latein vnuerkert lassen trucken / vnd
darnach vonn dem Truck inn vier
Spraach verwandlet. Als ihne die
Griechischen erfaren / haben sie ihne
geheissen Monarcham perpetuum,
auß klüger art seines trefflichen nam
hafftigen bewerten schreibens / dann
er hat im minsten wort kein macul.
Vnnd wiewol die alten Doctores
seines wegs nicht gehen / auch er dem
ihren nicht volgt / seind etliche die ach=
tens als sie es verstehen / Dann Pu=
teus Bensenol / vermeinet daß seine
Lehr natürliche Euangelia / seyend
jnen gleich zuhalten / nicht allein inn
der Artzney / darin er drey vn fünff=
tzig bücher geschriben / vnd sie alle mit
einander vermauret hett / Sonder
auch in der Philosophia hat er geschri
ben 235. Bücher. Dergleichen (als
Sabeus Dacus redet) nie erhört sey
worden /

worden/ vnd schetzet die schrifft Ari-
stotelis mit allen seinen wercken di-
sem Theophrasto gleich / wie Tar-
buetus Aristotelem achtet gegen jh-
me / als gulden gegen blinden Büch-
stabē/ein liecht gegen abgeleschten ko-
len/ Dañ in seiner Philosophey wer-
den alle Aristotelische/ auch Platoni
sche lehr verworffen / Dann so seine
schrifft ermessen werden gegen der
andern Scribenten/ als Kelischten
vnd Modernen/ Welche zwo secten/
Cyperinus Flaenus claudicantes,
vnnd Ramdus miseranres nennet/
Er hat auch vil De Republica ge-
schriben/vom grossen vbermüth des
gewalts/ vnd von der irrung vnd ver-
fürung des Volcks/darumb er in der
Theologia etliche werck geschriben
hat/auß mißfallung der Abgötterey
vnd der pfenning Heilgen/Vnd auch
des grossen geitzes der Hypocriten.
Darumb

Darumb wir nicht vnbillich jne zu
teutsch geordnet / damit der gemeine
nutz / den er zu fürdern am höchsten
geacht hat / vnnd geheissen den gemei-
nen·nutz / Summum bonum, als er
De Republica wunderbarlich schrei
bet. Ist auch also derhalb mein be-
ger an die so seine Bücher in Latein
gelesen haben / vnd mich jrtend befun-
den / daß sie dasselbig zu nutze der ge-
mein verbesseren / vnd mich also
hiemit jnen beuolhen ha-
ben wöllen.

*

C

OPVS PA=
RAMIRVM AVREOLI

Theophrasti von Hohenheim/ zu den
Einsidlen / Gemacht inn den Ehren
des Ehrwirdigen vnd Hochgelerten
Herrn Joachim von Wadt / Doctor
vnnd Burgermeister zu
S. Gallen.

Das Erst Büch.

CAPVT I.

Jeweil one erkant=
nuß der anfang vnd
der dingen so beuol-
hen seind/nichts kan
gründtlich erkandt
werden / so gebüret
sich zu beschreiben das werck Para=
mirum, dir Doctor Joachim vonn
Wadt zu sondern ehren/ der du son=
derlich fürderst einen jeglichen weg/
welcher zu der warheit geht/vnd die/
so da=

so darinnen wandlen / ist billich eü
solchen fürzunemen. Nemlich ist zu
betrachten die jrisal / betreffend die
Arzney / deren du nicht der wenigest
vnsers Vatterlandes der Eydtgno-
schafft vor allen Artzten erscheinest/
vnnd tregst dem gebürlichen palm
dich sonderlich zu eim Richter hierin
zu haben/ Dann ich dich onparteisch
hierinn verhoff vnnd weiß / der nicht
vnbehend zuuerlassen den jrisal / vnd
anzuhangen der warheit / auff wel-
ches ich geursacht wird / daß ich sol-
ches an dir ansehe / vnnd mein zeit zu
S. Gallen / die ich jetzundt verzehr/
nicht vergebens hinlasse gehen/ vnnd
dein lob vnnd erkandtnuß in natürli-
chen dingen aufferweck zum vrtheil/
daß dein vnnd mein nicht vergessen
werd bey menigklichen / so der Artz-
ney vnderworffen seind. Dann du/ der
du nicht allein ein erhalter / vnnd das
wenigest glid erfunden wirst in auff-
nemung der warheit / vnd die zu für-
dern betreffen das ewig / Also auch
nicht weniger erfunden wirst ein für-

C ij

Derleib ist der Seelen wohnhauß.

derer zu sein in den dingen des leibs darinnen das ewig wonet. Darumb mir billich zůstehet mein theil parami= rischer werck dir zůzuschreiben / das also anfahet.

Der mensch ist gsetzt in 3. sub stantz. Mittel substätz

Am aller ersten můß der Artzt wis= sen/daß der Mensch gesetzt ist in drey substantz / dann wiewol der Mensch auß nichts gemacht ist / so ist er aber in etwas gemacht / daſſelbig etwas ist getheilt in dreyerley / diſe drey ma= chen den gantzen menschen/vnd sind der mensch selbst/vnnd er ist sie/ Auß denen vnd in denen hat er all sein gů= tes vnd böses / betreffend den physi=

Physicũ corpus ist vn= ſwürff lich zu leiden.

cum corpus, Auff das volgt nun daß der Artzt soll wissen derselbigen auß= theilung/vnd erkennen jr zusamen se= tzen/erhaltung vnd auß einander zer= legung / dann inn disen dreyen stehet die gantze/ die halbe/ die wenigste ge= sundtheit vnd kranckheit / Also daß da erfunden wirt wie groß / wie vil der gesundtheit ist / auch das gewicht der kranckheit / Dann das soll der Artzt nicht leugnen/ die kranckheit stehet in dem

dem gewicht/inn der zaal/vnd in der
maß. So sie nun also steht/so müß
da erstlichen diser dingen grund für=
gehalten werdē/warauß sie sich nen=
nen vnnd das ist das notwendigst zu
einem eingang vorhin wol zubetrach
ten/Darbey ist auch der Todt in dem/
so denen dreien das leben genommen
wirt/welcher zusamen verbindung
das leben vnd der mensch ist. Also võ
denen dreien substantzen gehen alle
vrsach/vrsprüng vnd erkandtnuß der
kranckheiten/Weiter auch die zeichē/
wesen vnd eigenschafft/vnd was ei=
nem Artzet not ist zu wissen.Darauff
ist nun noth/daß die drey ding durch
den Artzet wol sollen erkennt werden/
vnnd in allen jren eigenschafften ver=
standen/welche die sind/vnd wie sie
gesund oder kranck machen/Dann
gleich ist es ein wissen/wie der Men-
sche gesund ist/vnd wie er kranck ist/
oder wirdt/dann wie ein kranckheyt
wirt von gesunden/also vnd auch võ
kranckheit der gesund/Darumb nicht
allein im wissen ist oder sein soll der

In zal/
maß vñ
gewicht
steht al
le kranck
heit,
Todt
herrscht
waß di=
sen drei
en das
leben ge
nõmen
wirdt.

was
jnen dz
leben
nimpt
volget
Cap.3.

C iij

kranckheiten vrſprung / ſonder auch
das widerbringen der geſundtheyt.
Es ſeind aber vngeſchickte Arzt ein=
gefallen in das liecht der natur / vnnd
daſſelbig gefälſchet / haben die drey
ſubſtantzen der natur nicht ergründt/
ſonder allein auſſerhalb demſelbigen
für ſich genommen den grundt / ſo
jhnen jr eigen köpff in fantaſeyen ge=
ben hat ohne zeugnuß des liechts der
natur/vnbetracht/ daß kein Arzt den
grund der kranckheiten oder des men
ſchen kan oder mag fürhalten/ er hab
dann genůgſam zeugnuß auß dem
liecht der natur/ daſſelbig liecht iſt die
groſſe welt / Dañ wie das Gold zum
ſibenden mal im fewr probirt wirdt/
alſo ſoll auch der Arzt zum ſibenden
mal vnd mehr bewert werden durch
das fewr/ das iſt/ das fewr beweret
die drey ſubſtantzen/vnd ſtellet ſie lau
ter vnd klar für rein vnd ſauber/ Das
iſt / dieweil das fewr nicht gebraucht
wirdt/ dieweil iſt nichts bewerts da/
das fewr bewert alle ding/ Das iſt/ ſo
das vnrein hinweg kompt / ſo ſtehen
die

(Marginalien:)
Liecht
ð natur
iſt die
groſſe
welt.

Dz feur
bewert
die drey
ſubſtan
tzen.

die drey ſubſtantzen da / Alſo wirt der
Artzt bewert / nicht jne zu verbꝛennen /
ſonð ſein kunſt Theorica vñ Practica
die ſoll im fewr getaufft werden / dañ
ſie erzeigen ſich nicht für den augen
ð bauren / laſſen ſich auch nit greiffen Bewā-
dermaſſen / Darüb iſt dz feur dz jenig / rung vñ
das ſolches ſichtbar macht das da erkant-
vertunckelt iſt / Alſo ſoll die ſcientia ð nuß der
Artzney fürgetragen werden. Artzney.

Darauff volget nun / daß Gott die
Artzney beſchaffen hat / darüb beſte-
het ſie durch das fewr / Alſo hat er
auch beſchaffen den Artzt / daß er auß
dem fewr geboꝛn werd. Nun iſt der
Artzt auß der Artzney / vnd nicht auß
jm ſelbſt / darüb müß er durch ð natur
examen gehn / welche natur die welt
iſt / vnd all jr anfang / vnnd daſſelbige
was jn die natur leret / das müß er ſei-
ner weißheit bevelhen / vnnd aber
nichts in ſeiner weißheit ſüchen / ſonð
allein im liecht der natur / vñ nachvol- Artzt
gend dieſelbe lehꝛ beſchlieſſen in die iſt auß
zal derſelbigē behaltnuß. Nun iſt der der artz
artzt außgēſcheinlich mit ſeinē werckē / ney.

C iiij

ynnd die natur ist auch offenbarlich/
nichts verborgen / also augenschein-
lich sollen auch sein die vrsachen der
gesundtheit vnd der kranckheit/ vnd
nichts verdunckelt/ darumb am erstē

Fewr zerleget vnd er-öffnet der na-tur ei-gen-schafft. das fewr gemeldet wirt/ in welchem
zerlegt werden die ding so verborgen
sind vnnd augensichtig werden. Auß
disem sehet/ entspringet die scientia
der Artzney/ dann sie gibt zeugnuß al-
so / dieweil der Artzt auß der Artzney
ein Artzt ist/ vnd one sie nicht/ vnd sie
ist älter dann er / er ist auß jr/ sie nicht
auß jme/ so müß er dasselbig betrach-
ten/ vnd in dem lernen das jn macht/
vnd nicht auß jm selbst. Also ligt inn
der natur der Artzney die weißheyt/
kunst/ Theorica, Practica/ &c. des
Artzets / vnd in jme selbst nichts Da-
mit gnügsam widersprochen ist dem
jnsal der sich in der natur nicht erfin-

Der Schül-meister des Ar-tzets ist im feur. det/ welcher allein auß fürgenomme-
ner weiß erhalten vñ angezeigt wirt/
dann im fewr ist der Schülmeyster/
nicht im Schüler selbst.   Aber noch
verstendiger ist das / im menschen ist
nichts/

nichts/das jne zu einem Artzt macht/
wiewol er hat das præclarum inge-
nium, darinn ist aber kein kunst/ Es
ist leer als ein wolgemachter Kasten
oder behalter der leer ist/vnd aber ge-
schickt zubehalten was mann dareiñ
thůn wil/den Schatz so vnsere hånd
gewinnen/ Also ist das præclarum
ingenium ohne alle erfarenheyt vñ
kunst vnnd artzneische weißheit/aber
was wir erlernen vnd erfaren/das be-
halten wir darinnen/vnnd brauchen
das zu seiner zeit/ Nun schet an zwey
Exempel dem Artzet dest leichter zu
verstehen/ Eins ist also/ Der Glaser Glaser
oder Glaßmacher/auß wem hat er kunst
sein kunst? nicht auß jme selbst/ dañ warus.
eigen vernunfft mag nimmermehr da-
hin kommen/ Aber da er nam die sub-
iecten der kunst/vnnd warffs inn das
fewr/ da zeigt jhme das liecht der na-
tur das glaß ane/ dise kunst ist behal-
ten worden in disen dreien/ Also ist es
auch mit dem Artzt/ Darumb so vol-
get auff das das ander Exempel:
Ein Zimmerman der da bawet ein

hauß / das mag er ſelber auß ſeiner
weißheit erfinden / ſo er holtz vnd axt
hat / der Artzet aber nicht alſo / ſo er
ſchon die Artzney vnnd den krancken
hat / noch hat er ſcientiam nicht / vnd
der dingen erkandtnuß / So er aber
die axt hat vnnd das holtz / ſo mag er
wol ein Artzt ſein / Darumb ſo muß er
ein Schmid erſtlich ſein / das iſt / die
axt können machen / demnach ſo hilft
jhme ſein ingenium diſe zugebrau-
chen / Alſo iſt præclaritas ingenij ein
Kaſten der Artzney vnd jrer ſcientiæ,
Aber auß dem fewr kompt der ſchatz
der darinn behalten ſoll werden / Da-
rumb wie der Glaßmacher ſein glaß-
machen auß dem fewr hat / der da
nicht weißt zuuor was er machet / vnd
aber da kunſt behalten / alſo auch das
fewr leret die weißheit vnd kunſt der
artzney / das iſt / die prob des Artzets.
Das iſt auch war / daß der vnerfarne
theil / das iſt der theil der nicht auß
der natur geboren iſt / nicht wil ſeinen
Schulmeiſter erkennen / ſonder ſein
eigen vernunfft vnd artzneiſche weiß-
heit

Precla-
rum in-
genium,
iſt ein
behal-
ter.

heit sein lassen/ vnd darauff gründen/
das allein inn sand gebawet ist vnnd
heißt/ Was das fewr anzeiget/ das
mag one das fewr nicht ersunnet wer=
den noch erfaren/ dann zwo seind der
weißheit/ Eine die wir auß der erfa= *Zweyer*
renheit nemen/ vnnd eine die wir auß *lei weiß*
vnser geschickligkeit haben/ Die auß *heit.*
der erfarenheit ist zwifach/ die eine ist
des Artzets grund vnnd meyster/ Die *Subdi=*
ander ist sein jrisal vnnd verfürung. *uisio.*
Die erste ist die/ so er auß dem fewr
nimpt/ inn dem/ so er die Vulcanische
kunst treibt inn dem transmutieren/
fixiren/ exalteriren/ reduciren/ perfici=
ren/ vnnd anderer anhangenden din=
gen disem zügehörig/ Jnn diser erfa=
rung werden die drey substantz erfun=
den/ was art vnnd was natur vnd ei=
genschafft so inn der gantzen welt ist
begriffen in allen Creaturen. Die and
aber ist die/ so ongefärd etwas geradt
on bemelte erfarung/ das einmal also
gerecht ist/ vnd nicht besteht das alle
mal gerecht sey/ auff solche erfarheit
sich zu vlassen/ zu gründen/ zu bawē/

Das

Das ist ein grundtloser baw/auff wel
chem baw der irrsal stehet/der da gla
siert wirt mit erdichten Sophisterey-
en/so ein solcher sich selber bedachte/
wer gibt jme das Experiment/ nemb-
lich der: wer demselbigen/ nemlich ð
ander/ vnnd also hindersich biß auff
den ersten/ von dem sie es alle haben/
so kompt es in den Vulcanum vnnd

Vulca-
nus vnd
Spagy-
rus gebē
das ex-
perimēt

Spagyrum. Also wisset daß wir nicht
vonn solchem horen sagen oder lesen
sollen gelert werden inn der Artzney/
Sonder wie hart der erst geleret/ also
wir auch/ der jhn geleret hat/ der lere
vns auch/ Die natur im Vulcano sey
auch vnser Leh:meister/ dann so einer
spricht: Thů du das/so wirst selig/ so
fordert die not/ wer das gesagt hab/
so kompts inn den/ der die Seligkeyt
selber ist/ Also da auch/ allein wir kom
men inn die Artzney selbst/ das ist inn
die natur/ sonst werden wir nicht Ar-
tzet sein/ Dann wil ich daß der grund
bestehe vnd herfliesse/ nicht von vn-
sichtlichen dingen/ sonder von sicht-
lichen sagen vnd reden/ Dann das ist
hoch

hoch einem Artzt zuvermessen/daß wir
Gott sichtig greifflich vor unsern au-
gen gehabt haben / also / daß wir un-
sern Seligmacher selbst gehört haben
den grid der warheit/ Noch vil mehr
die Artzney sichtig vor uns stehet/und
sie sichtig und nicht im traum empfa-
hen sollen/greifflich/nicht im schatte/
Das aber alles ist unsichtig fürgehal-
ten worden zu sein / von denen so die
augen des feurs nicht gehabt ha-
ben / darauß dan der irsal entstanden
ist / darauß die unergründte Artzney
gestelt ist/ Hart ist zuglauben/daß im
Menschen vier humores seind / mit
sampt derselbigen außweisung. Es
stehet im glauben/so sol doch die artz-
ney icht im glauben stehen / sonder
in den augen / Nichts stehet im glau-
ben als der Seelen kranckheit und se-
ligkeit / alle Artzney des leibs stehet
sichtbar one allen glauben. Es ist mit
disen dingen des irsals gleich als mit
dem falschen glauben / da nicht ein
jeglicher/ der da spricht HErr HErr/
wirt erhört/das ist/ So du kein Artzet
bist/

Artzney
des lei-
bes ste-
het nie
im glau-
ben.
Wo ble-
bets gro
rum con
fiden-
tia erga
medicũ?

bist/ vnd gebrauchest dich doch des/
so du ein Experiment nimpst/ sagst
thund das/ thund das/ so thuts es a-
ber nicht/ dann sie erkennt dich nicht/
bist nicht der rechte Hirt zu disen
Schaffen/ Sie spricht abermals: Ich
kenne dich nicht/ die krancken müssen
den Arzet haben/ so müssen sie jhn
auch erkennen/ dann er ist jn beschaf-
fen/ Darumb allein der/ so da berüfft
wirt/ ein Arzt ist/ demselbige wechßt
die Arzney auß der erden/ vnnd sie
kennet jn/ hat jhn zusetzen vnd zuent-
setzen/ So ist nun der grund/ daß wir
die drey substanzen erkennen vnd er-
faren/ das nicht auß vnsern köpffen/
noch hören sagen/ sonder auß der er-
farenheit der natur zerlegung vnd er-
farung/ solcher eigenschafft ergrün-
dung/ dann der mensch wirt erlehrnt
von der grossen welt/ vnnd nicht auß
dem menschen/ das ist/ die Concor-
danz die den Arzt ganz machet/ so
er die welt erkent/ vnd auß jr den men
schē/ auch welche gleich ein ding sind
vnd nicht zwey/ das ich der erfarung
weiter heimsetz.   C A-

CAPVT II.

Rey seind der Substantz / die
einem jeglichen sein Corpus
geben das ist / ein jeglich Cor-
pus steht in dreien dingen / die namen
diser dreien dingen seind also / Sul-
phur, Mercurius, Sal, Dise drey wer-
den zusamen gesetzt / als dañ heißt ein
Corpus, vnd jnen wirt nichts hinzů
gethon als allein das Leben vnd sein
anhangends / Also so du eiñ corpus in
die hand nimpst / so hastu vnsichtbar
drey Substantzen vnder einer gestalt /
Von disen dreyen ist noth zu reden /
dann sie sind drey Substantz einer ge-
stalt / vnnd die geben vnd machen al-
le gesundtheit / Dann so du ein holtz
inn der hand hast / so hastu für deinen
augen nur eiñ leib / das wissen aber ist
dir nicht nutz / die Bawren wissends
vnd sehend das auch / So weit můst
du gründen vnd erfaren / daß du wis-
sest / daß du in der hand eiñ Sulphur
hast / eiñ Mercuriũ, vnd ein Sal, so du
die drei ding sichtbar hast greiflich vñ
würcklich

Expossi-
tio der
dreien
substan-
tzen.

Drey
substan-
tzen vn-
der ei-
ner ge-
stalt.

würcklich ein jedes gesondert võ dem

Was die au-gen des Artzts. andern/ Jetzundt so hast du die augẽ/ damit ein Artzet sehen soll/ Dise augẽ sollen bey dir sein so sichtlich inn seim sehen/ wie die Bauren das rohe holtz/ Vnd also laß dir das auch ein Exempel sein/ dz du dẽ menschẽ in den dreien solt erkennen/ gleich so wol als das holtz/ das ist/ du hast den menschen auch also/ hastu sein gebein/ so hastu das bewrisch / So du aber sein Sulphur besonder/ sein Mercurium besonder/ sein Sal besonð hast/ so weist du was das bein ist/ Vnd so es kranck ligt/ was jme gebrist vnd anligt/ oder auß was vrsachen/ oder wie es leidet/ Also das eusser zusehen ist den Bawren beschaffen / Das inner zusehen/ das ist das heimlich / das ist dem Artzet beschaffen. So nun die ding sichtlich werden müssen / vnnd ohne dise sichtbarkeit ist der Artzet nicht gantz/

Alle ding ge-hẽ in 3. subst̃an-tzen. Nun müß die natur dahin gebracht werden / daß sie sich selbst beweiß/ Darumb sehet ane / in was ultimam materiam die ding gehen / vnd in wie vil

vil/in so vil genera werdet jr auch fin-
den dreierley Substantz vnderschei-
den von einander/Der Bawr achtet
das nicht/aber der Artzt/Der Expe-
rimentator achtet sie auch nichts/a-
ber der Artzet/Der Jniger achtet sie
auch nichts/aber der Artzt/Dann vor
allen dingen muß der Artzt wissen die
drey Substantz/vnnd alle jhre eigen-
schafften in der grossen welt/also hat
ers dañ auch im menschen/jetzt weißt
er was jhme vnder den händen ligt/
vñ was er in seinem gewalt hat. Nun
die ding zu erfaren so nimb eiñ anfang
vom holtz/dasselbig ist ein leib/das
selbig laß brinnen/so ist das da bridt
der Sulphur. Das da raucht der Mer
curius/das zu äschen wirdt das Sal,
Das brinnend zerbricht dem bawren
sein verstand/dem Artzet aber seinen
anfang zu den artzneischen augen/al-
so finden sie da drey ding/nicht mehr/
nicht weniger/vnnd ein jeglich ding
geschieden vom andern. Von disen
dingen ist weiter zumercken/daß also
alle ding die drey ding haben/vnd ob

(marginalia:) Augen-
scheinlt-
che er-
farung
diser
dreyer
substan-
tzen.

D

sie sich aber nicht eröffneten / gleich-
wol inn einer weiß vor den augen / so
eröffnets die kunst / die solches dahin
bringt vnnd sehen macht / Das so da

Was brindt / ist sulphur.

brindt ist der sulphur / nichts brindt
allein der sulphur, das da raucht ist
der Mercurius / nichts sublimirt sich /

Das riechend ist mercurius.

allein es sey dann Mercurius / Das
da in äschen wirt ist sal, nichts wirt zu
äschen allein es sey dann sal, Das ding

Was zu äschen wirt / ist sal.

das zu äschen wirt / das ist ein Sub-
stantz / das ist ein stuck darauß ein holtz
wirt vñ wiewol es ist ultima materia
vnnd nicht prima, so beweißt es aber
primam materiam / deren ultima sie
ist gestanden in lebendigem corpus.
Wiewol das ist im lebendigen cor-
pus / sicht niemandt nichts dann ein
Bawren gesicht / die scheidung aber
beweißt die Substantz (So rede ich
allhie nicht von der prima materia /
dann ich wil allhie nicht Philosophi-
am tractirn / sonder Medicinam) Al-
so wie vom saltz stehet / so wisset vom
rauch / der beweißt den Mercurium,
der sich durch das fewr auffhebt vñ
subli=

sublimirt/ vnnd wiewol auch prima
materia hie nit sichtbar ist/so ist doch
sichtbar der ersten ultima materia/al=
so daß der Mercurius da ist die and
Substantz des dinges/ Also/ was da
brindt/ vnd den augen feurig erschei=
net/daßelbig ist der sulphur/ der ver=
zeret sich/derselbig ist uolatile. Nun
ist das so feurig ist auch ein substantz/
vnd ist die dritt/ die das corpus gantz
macht.Nun ist die Theorica auß de=
nen zunemen/ Was der sulphur/was
der Mercurius/was das saltz sei/ Wz
im holtz oder was im andern sey/ vnd
also daßelbige zuuergleichen dem
microcosmo/ Jetzt hastu den men=
schen/ daß sein leib nichts ist/ als al=
lein ein sulphur/ ein Mercurius, ein
Saltz/ in denen dreyen steht sein ge=
sundtheit/ sein kranckheit/ vnnd alles
was jme anligt/ vnd wie da allein drei
seind / also seind drey vrsachen aller
kranckheiten/ vnnd nicht vier humo=
res, qualitates oder dergleichen. Vnd
wiewol das ist / daß nicht alle ding
brennen/ als stein/ so beweißt aber

Des mē
sche cör
per ist
saltz/
sulphur
vn mer=
curius.

D ij

doch die Alchimey/ daß ſie zu brinnen
bereit werden/ auch die Metallen vñ
alles was vnbrinnlich geacht wirdt/
vnnd wiewol vil ding ſich mit ſubli-
mirn/ ſo beweißt das aber die kunſt/
daß ſie dahin gebracht werden/ Alſo
auch werden vom Saltz die ding ver
ſtanden/ dann was inn den Bawren
augen nicht ligt/ daſſelbig ligt inn der
kunſt das in die augen gebracht wirt/
das iſt ſcientia ſeparationis. Diſer
dingen erkendtnuß gibt die gemelte
kunſt/ das alſo iſt in allen dingen. Nů
vonn der eigenſchafft zureden/ natur
vnd weſen ſo in denen dreien iſt/ der-
gleichen fürgenommen ſoll werden/
daß entweders die art im Mercurio,
oder in ſulphure/ oder in ſale ligen
můß/ ſie ſeien gůt oder böß/ geſund oð
kranck/ dann ein jegliche ſubſtantz hat
ſeine eigenſchafft/ ſo es nun zuſamen
gehet in eiñ corpus/ ſo erſcheinen die
eigenſchafften vnder einer geſtalt/ die
ſollen aber gelegt werden in ſein ſub-
ſtantz/ nicht inn die gemein/ dann die
eigenſchafften ſeind gůt/ ſo ſie nun nit
da

da seind / so ist ein kranckheit da / jetzt
weist du was der substantz abgehet/
dann hinweichen des einen / ist eines
andern hinzů setzen / so vil kranckhei-
ten/ so vil eigenschafften/ so vil der zal
der kranckheiten / Von solchen eigen-
schafften zu reden gebürt sich prima
materia zu erklären. Dieweil aber pri-
ma materia mundi F I A T ist gewe-
sen / wer wil sich vnderstehen das fiat
zu erklären? Nun aber etwas haben
wir durch das feur Vulcani, dadurch
wir die drey ersten erklären / nemlich
durch den schwebel/ den sulphur/ das
saltz/ dieweil sie sich vergleichen durch
das Quecksilber / dē Mercurium ,
auß vrsach auch eins solchen verglei-
chens durch das saltz salem / dann es
gibt gleiche würckung. Aber wiewol
das ist von der grossen welt / so ist es
aber auch in der kleinen welt derglei-
chen zuuerstehen / doch mit der vn-
derscheid / daß der mensch sein pri-
mam materiam hat im limbo, der
sulphur, mercurius vnnd sal gewe-
sen / ist der vier element / zusamen ge-

Prima
materia
mundi
ist fiat
gewe-
sen, &
materia
hominis
est ma-
crocos-
mus, in
fra lib. 2.
cap. 2.

D iij

Kranck
heiten
sind nit
in vier
Elemen
ten/ in-
fra lib.
2.cap. 6.
Element
seind
matrices
Aller
kranck-
heiten
vrsprun
ge sind
in dreiē
substan
ßen.

fasset in einem menschen / darumb so
soll der Artzet das wissen / daß alle
kranckheit inn den dreien substanßen
ligen / vnnd nit in den vier elementen/
Was die element krafft haben / oder
was sie seind/ dasselbig trifft die Artz=
ney der vrsachen nit an der humores
halben / sie seind matrices. Jnn was
weg aber/ das zeiget sein Capitel an/
darumb die drey ding allein der Artzet
wissen soll vnd erkennen / dann da li-
gen die vrsprüng aller kranckheiten.
Nun aber dieweil der mensch die din-
ge nicht sicht/ dieweil das leben da ist
an jm/allein inn der zerstörung/ so soll
er die ding so sich zerstören/jme einge-
denck lassen sein/ daß sie köstlich vnd
hüpsch im menschen stehen / dieweil
sie leben vnd gesund sein/der sulphur,
der mercurius / das saltz / Dieweil sie
leben / so seind sie nicht kranck / allein
so sie zerbrechen / darumb billich auff
das zerbrechen acht zuhaben ist / Se-
het an eiñ Carfunckel/ der ist hüpsch
vnd schön/wunderbarlicher art/Nun
ist er allein ein sulphur/ein mercurius
vnd

vnd ein ſal/ſo er nun zerlegt wirt/ſo ſi=
het mañ dʒ er die ding iſt/ein vngſchaf
fen ding ſo er dʒ lebē nithat/ darūb ſo
gib dem lebē dʒ ʒů/ dʒ du nit ſiheſt/daſ
ſelbig iſt alſo ein ſolcher deckmantel/ð
die ding verbirgt/ Alſo ſehet auch den
menſchē an/ ſo er lebt wie ſchön er iſt/
vñ aber ſo er ſtirbt wʒ vbels da iſt/ oð
welch glid jm ſtirbt/wie daſſelb ſo gar
gehtin die 3.ſubſtantʒ·erkätlich/ſicht=
lich vñ merckluch/ Dʒ alſo iſt im tode/
das iſt auch im leben alſo / aber ge=
malet vnd geʒieret/ Alſo auch ð Cen=
drus der iſt hüpſch ſo er lebt/ſo er aber
in das feur kompt/ſo ʒeigt ſich das/dʒ
ſein leben verbirgt/ vnd alſo mit allen
dingen/Diſe ding alle die manigfaltig
ʒubeweiſen ſeind / wil ich daß ſie ver=
ſtanden werden / allein von wegen
der vrſpüng ſo in jhnen ſeind/ auß de=
nen die kranckheiten geborn werden/
Dañ ſo diſe drey eımg ſeind vñ nitʒer=
trent / ſo ſtehet die geſundtheit wol/
wo aber ſie ſich ʒertrennen / das iſt/
ʒertheilen vnnd ſondern/das ein falt/
das ander brennet / das dritt ʒeucht

widerwertige eigenſchafft ð dreier erſten.

D üij

eiñ andern weg/das ſeind die anfäng
der kranckheit/ dann dieweil das einig
corpus bleibt/ dieweil iſt kein kranck=
heit da/wo aber nicht/ ſonder er ſp alt
ſich/jetzund geht ane das ſo der Artzt
wiſſen ſoll/ Vnnd zu gleicher weiß ſo
zwentzig Man bey einander ſeind inn
einem bundt/ vnd du kenteſt ſie all/ſo
wiſſet auff das ſo ſie zertrent werden/
ſo ſagſt du/ alſo ſeind ſie zertrent/ des
nimbſtu auß jhnen/ wie du an jhnen
erlerneſt/alſo da auch můſtu alle ding
erkennen/ vnd im zerbrechen weiſt du
was zerbrochen iſt/ Wo das nicht ge=
ſchicht/ was iſt da als der anfang des
tods? das iſt zerſtörung des gantzen
reichs? Daß du nun ein beſchluß di=
ſes Capitels verſteheſt den grund ſei=
nes fürhaltens/ ſo zeucht es allein an
dē Sulphur, Mercuriū/ vnd Sal, daß
ſie die ſubſtantz ſein/ vnnd aber durch
das leben verborgen/ inn abziehung
des lebens werden ſie offenbar/ dar=
auß ſolt du nun verſtehen die genera
vnd ſpecies in der geſtalt/ daß ſie al=
le benennet ſeind/ vnnd ſo ein kranck=
heit

heit zůfelt / eine oder zwo oder mehr /
daß du ſageſt / der iſt die kranckheit /
der hat das gethan / Alſo wie das ex-
empel leret vom bundt der einigkeyt /
der von vilen beſchloſſen iſt / vnd ſo er
brochen wirt / ſo ſageſt du der oder die
habens gethan / durch das oder alſo /
vnd ſagſt nicht / Cholera, Melanco-
lia, Phlegma, &c. hats gethan / ſon-
der du ſagſt / der Man hats gethan /
alſo můſt du es da auch verſtehen /
Dann ſo mann ſpricht / der hats ge-
than / iſt mehr vnd rechter / dañ ſpꝛech
mañ cholera hats gethan / Nit weni-
ger iſt ein kranckheit dañ zuuergleichē
eim Man mit allē ſtückē / dz laßt euch
Arꝫet beuolhen ſein / hierinn ligt der
grundt / dz das ſo die kranckheit iſt ein
man geheiſſen / wirt mit allē zůgehörē
den eins mans eigenſchafft / ſo begreif
feſt du die Element / die drey Sub-
ſtantz / die vier aſtra, die vier terras, die
vier aquas, die vier ignes, die vier aë-
res vnd alle conditiones, mores, pro-
prietates / naturas des Mans / ohn
welche keine iſt / Deren du vergeſſen

Kranck-
heit iſt
zu ver-
gleichē
einem
Man.

D　v

haſt an dem orth / da du beſchreibeſt
der kranckheiten vrſprung kommen
auß den vier humoribus/ die doch mit
den Elementen vnnd den vieren vnd
den dreien kein gemeinſchafft nie ge-
habt haben / es můß dermaſſen alſo
geredt werden / daß alle manliche art
inn der kranckheit gefunden werden/
vnd ein Man geheiſſen wirt / der dañ
Notabile geboren iſt auß volkommen limbo,
alſo auch die kranckheit.

CAPVT III.

NOT iſt inn denen dingen einer
mehrern außlegung / dieweil
die kranckheitẽ dermaſſen be-
ſchaffen werden/ vnd ſollen alſo mãn-
niſch verſtanden werden/ Nuniſt das
alſo/ Sulphur iſt ein humor, mercuri-
us ein humor/ ſal ein humor, alſo ſind
Humor ſren drey / Diſe drey humores ſind a-
machet ber corpora/ corpus iſt hie ein humor
kein nicht ein frembds ding · der leib ſelbs
kranck- iſt daſſelbig das der Artzet ſoll fürne-
heit. men/ Vnd wiewol du ſagen mőchteſt
es

es were die vrsachen so die kranckheit
machen/das ist nun nicht/ humor ma
chet kein kranckheit / das die kranck-
heit macht ist ein anders/ Nemlich/
SVBSTANTIAE ENS, Nun
muß alles das so die kranckheit macht
männisch sein / das ist Astralisch auß
gantzem limbo / so doch der humor
wie er gehalten wirt/ nichts võ astris
an jme hat/ darumb so mag ers nicht
machen/ Darumb billich die kranck-
heit männisch geheissen soll werden/
von wegen der männischen art so sie
macht. Darauff nun so wisset was die
drei sind die hie vrsach vnd kranckheit
machen/ geheissen werden / Das erst
ist sulphur / Nun wißt sein macht/ đ
er nicht in sein vbel geht für sich selbs/
er sey dann astralisch / das ist / daß ein
funcken feur in jhne geworffen werd/
als dann so wirdt er männisch / vnd
empfangen vonn dem funcken / so
brennen nur männisch / oder eine
männische würckung / ohne dise
würckung geschicht nichts/ Darumb
so eine kranckheit vom sulphur ero-
bert

*Infrā
lib. 2.
cap. 4.*

*Astrum
Sulphu-
ris ist
ein fun-
cken
feur.*

bert wirt / am aller ersten soll der Sul-
phur genennet werden mit seinem na-
men / darnach sein männische würc-
kung / wer jne entzündt hat / Der sul-
Vilerley sulphur. phur seind vil / Resina, gummi, bo-
tin, oleum / axungia / pinguedo / bu-
tyrum / uinum ardens / etliche seind
Sulphur des holtz / etliche der Thier /
etliche der menschen / etliche der Me-
tallen / als oleum auri / Lunæ / Mar-
tis &c. Etliche der steinen / als liquor
marmoris / Alabastri &c. Etliche der
samen vnnd anderer dingen / alle be-
zeichnet mit jren sondern namen / vnd
Feur ist astrum. also dann das feur in jnen zůfellig / das
allein astrum ist mit seinem namen /
setzt dise würckung ist materia pec-
cans auff eim theil. Nun also ist im sa-
le zu verstehen / dasselbig ist für sich
selber ein humor materialis / vnd ma-
chet auch kein kranckheit / es sey dann
Astum salis ist resolutio sein astrum darbey / sein astrum ist re-
solutio / das macht männisch / darüb
nicht minder dann ein spiritus uitrio-
li / tartari / aluminis / nitri &c. so es re-
soluirt wirt sich erzeigen mit aller vn-
gestüm-

geſtümmigkeit/ wo wolt nun herkom
men den humoribus ſolche art ohne
das geſtirn/ dauon alle Artzt geſchwi
gen haben? vnnd ſo ſie ſonſt kein jr=
rung geſürt hetten/ dann daß ſie auß=
gelaſſen haben in allen cauſis vnd cu=
ris das Aſtrum / ſo wer es genüg be=
werdt/daß ſie auff ein Moß vnd ſand
gebawet hetten. Darauff nun ſo wiſ=
ſet/ daß vil ſcind der ſalia/ander ſeind
kalck / andere äſchen / andere antimo
niſch/ander arſeniſch/ ander Magne=
tiſch oder dergleichen / die alle ent=
ſpringen vnnd werden nach dem vnd
das corpus ſalis iſt inn ein ſonderer
kranckheit / darumb ſie ſein ſondern
namen hat vnnd eigenſchafft / Alſo
auch vom Mercurio verſtanden/ der
iſt nicht männiſch allein/ ine ſublimirt
das aſtrum der Sonnen/ ſonſt ſteigt
er nicht auff/ ſeiner ſeind vil bereitüg/
aber nur ein corpus. Das corpus aber
iſt nicht als der ſulphur oder ſal / die
vilerley corpora haben / darumb ſie
vilerley ſalia vnnd ſulphur geben/hie
allein iſt es ein corpus/ aber das aſtrū
bereit

Des
mercurij
aſtrum
iſt ſub=
limatio.

bereit daſſelbig manigfaltig inn vil
art/ darumb von jme vil kranckheiten
kommen / Darumb ſo iſt ſein männi-
ſche art auß dem aſtro/die es alſo dar-
zů in kranckheiten fůren. Alſo ſind al-
le kranckheiten inn den dreien begriff-
fen vnder ſeinem namen vnnd tittel/
Darumb ſo wiß nun das zum ſulphur
gemacht ſoll werden was da ſulphu-
riſch iſt / damit es brenne / Vnnd was
da Mercurius iſt / das ſoll in ein ſub-
limirung gebracht werden / was ſich
zum ſublimiren ſchickt/ Vñ was vom
ſale iſt /in ein Salz gebracht/ ſo vil vñ
ſein iſt / Alſo werden hie begriffen die
gemeinen vrſachen der kranckheiten
wie obſtehet / ſo bleibt nun das alſo/
wie obſtehet / daß der menſch iſt inn
dreien dingen geſetzt/ vnd daß die drei
haben ein mittel Corpus, das iſt das
lebendig corpus / Dann vor diſem le-
ben iſt prima materia / Nach diſem
leben iſt ultima materia / vnnd das
iſt ein mittels zwiſchen dem erſten
vnd dem letzten / vnd iſt das von des
wegen der Artzt vnnd die Artzney be-
ſchaffen iſt.   Nun

Nun aber / wiewol der mittel leib Mittel
das haupt ist / so ist er doch nicht das leib ist
subiectum / sonder allein die drey nit das
substantz / hindan gesetzt des lebens subie-
wesen/art vñ natur. dem wir nichts zu ctunt.
geben noch zu endern haben. Nun a-
ber/das vnser subiectum ist/ dz bricht Erster
in jhme selbs in drey weg / Im ersten weg oz
durch sich selbs/vnd so das ist/so trei- durch
bet es sich vom leben/dann dem leben vnser
ist wie dem frid/wo frid ist/da ist einig subie-
keit/vnd so bald die einigkeyt sich ent- ctum
schleußt / so entschleußt sich auch der bricht.
frid vnd gehet ab / also das lebē auch/
Wöllen die drey nit vnzertheilt in jn Andere
selbst bleiben/ so fart es hinweg / laßt vrsach
jn todt vnd zerbrochen ligen. Das an- zerbre-
der ist/ so wir da freuentlich brechen in chung
der geburt oder im außziehen oder inn vnsers
vnserm gewalt / dadurch wir das ge- lebens.
stirn vber vns richten vnnd laden /
als ein Statt/die jr ein Herrn vber jh- Die dritt
ren halß verursachet. Vnnd zum drit- vrsach
ten / so es sich selber nicht bricht noch des ster-
scheidet / sonder einig bleibet vnd so bens.
wir die eusserlich nicht vrsachen / so

kompt

kompt der drit weg / das ist das End /
Alles also daß alle ding ein end haben / sie
ist inn sind wie gůt sie wöllē / starck / hüpsch /
das end so nemen sie mit der zeit all ein ende /
gericht. Also ist auch der mensch dem end be=
uolhen / vnd seiner jarzeit vnd zaal die
klein ist. Nun ist auch die vrsachen hie
zu bedencken / warumb drey vnnd
nicht eins / vnd so vil vnd mancherley
species in jnen die vnzalbar beschaf=
fen seind / vnnd der species so vil / daß
Resina Retia nicht ist wie Resina
Norica / noch oleum amygdalarum
Neapolitanicum / nicht gleich dem
oleo amygdalarum am Cummer see /
vnnd also im berg anderst dann auff
der ebne / das ich denn hie nicht be-
schreiben wil / aber die vrsach daß sie
so jruig vnnd vilfaltig sein diser dingen
ist die / daß Christus sagt / Ein jeglich
Reich das in jme selbs zertheilt wirdt
das zergeht / das ist so vil gesagt : Ein
jeglich zeitlich Reich zertheilt sich in
jhme selbst / dann allein das Reich in
Christo bleibt / das ist nicht zeitlich /
Darumb so ist der Leib nicht ewig /
sonder

sonder tödtlich / zeitlich / So er nun
zeitlich ist/ so muß er zergehen/ Soll er
nun zergehen/ so müssen inn seinen ei=
genen glidern bella intestina angehn/
vnd sich selbs tödten vnd erwürgen/
vnd das gar manigfaltig/ dann vner=
gründtlich seind die species / das ist
der grund der kranckheiten/vnd nicht
die humores, Also auch seind man-
cherley Artzney / darumb auch leicht=
lich vilerley zerstörung werden / sie ist
auch zergengklich mit den menschen
ab/ vnd mit den menschen auff/ Dañ
das seind anni Platonis, der so sich er=
weisen die ding alle, dauon Arnoldus
etwas wenigs sich hat mercken las-
sen/als hab er des ein verstand / vnnd
felt doch zu bald wider ab vom grüd/
Der aber die köpff der zerstörung des
Reichs erkent/ der ist geschickt inn die
erkandtnuß zugehen meines anzeig=
ten grunds / Also inn beschliessung
des grunds aller kranckheiten zu er=
kennen / volgen hernach auff die drey
gemelten puncten drey Bücher / da=
rinn dann dieselbigen kranckheiten/ so

Der
mensch
kan nit
vnsterb
lich sein
dieweil
der leib
zeitlich.

Artzney
ist auch
zergeng
klich.

sich selbs von vns selbst so vom ende
der zeit zůfallen/ wie sie sich begeben/
Also mit den dingen allen so der Artzt
wil wissen den menschen/ vnd jhn er=
kennen inn seinen kranckheiten / der
müß aller der dingen kranckheiten
wissen so die natur in der grossen welt
leidet/dann darinn leidet sie/daß wirs
sehē/ in dem genus das/in dem dises/
vnd also aber im menschen alles / dañ
so er je auß dem Limbo gemacht ist/
so ist er darumb auß jhme gemacht/
daß er also sein gůts vnnd böses trag
vnnd hab / darumb das mittel gesetzt
ist von Gott der zweien nicht nach=
zuuolgen in der maß vnd ordnung so
fürzůhalten ist im anfang/ Dieweil sie
nun also eusserlich seind / so soll der
Artzt eusserlich die lernen/vnd die con
cordantz nemen in der bereitung vnd
zertheilung die kranckheiten vonn
sichtlichen dingen / vnnd dieselbigen
corpora eusserlich induciren in ulti=
mam materiam durch sein kunst Spa=
girica, so findet er welche substantz
die kranckheit mache / vnnd so er die
                                    alle

alle zuſamen gebracht hat / ſo hat er
die erkantnuß aller kranckheiten. Wo
er aber allein auff ſein region bekannt
iſt / ſo mag er dem frembden nicht
helffen / dann der Artzet iſt allein inn
dem bekanten vnd nicht im vnbekan=
ten / darumb auch ſol er ſich nicht ver=
ſtiren laſſen den Arabiſchen oder Bar
bariſchen / oder Caldeiſchen / noch die=
ſelbigen vns / Ein jeglicher glaub dem   Artzney
andern ſo vil vnd er ſelbs im feur erfa=   ſtehet
ten hat / dann die Artzney mag nicht   mit im
gedulden zu glauben das nicht im   glaubē
feur bewert iſt / durch das feur wach=   Durch
ſet der Artzet wie angezeiget iſt / Dar=   dz feur
umb ſo lerne Alchimiam, die ſonſt   wechßt
Spagirica heißt / die lehret das falſch   der Ar
ſcheiden von dem gerechten / alſo iſt   tzet.
das liecht der natur / daß man durch=
auß prob ſehe vnd im liecht wandle /   Spagi=
inn ſolchem liecht der Natur ſollen   rica iſt
wir fallen vnnd reden / nicht auß ein   ein küſt
der fantaſey / in deren nichts wach=   ſo ſchei=
ſen dann vier humores / vnnd jhr   det das
Compoſition / Augmentum, ſta=   gůt võ
tus vnnd decrementum / vnd der=   bóſen.

E ij

gleichen ander vnnütz geſchwetz / die
nicht auß præclaro ingenio gehen /
das angefüllet iſt mit gůtē ſchatz / ſon-
der auß erdichtem vnbewertem grůd.

CAPVT IIII.

Vn iſt ein jrrſal eingefallen / der
fürgeben wirdt von den com-
plexionen / da mann ſagt / der
menſch iſt ein Sanguineu / oder Cho
lericus / oder Phlegmaticus / oder Me
lancholicus / vnd er iſt aber deren kei-
nes nicht / vnnd das hat vilfaltige vr-
ſach / Ein gemeine iſt die / daß das le-
ben daſſelbig gibt / das mann com-
plex ones heiſſet / vnnd darumb ſo es
nun das leben gibt / vnd nicht die drey
Subſtantz / ſo ſoll es der Artzet nicht
für ſich nemen / Dann inn dem leben /
vnnd was d em leben zůſteht vnd an-
hangt / das iſt dem Artzet nicht vn-
derwoiffen / ob ſchon ſolche comple-
xion da weren / noch ſo iſt es dem Ar-
tzet nicht zubetrachten / dann was mit
dem leben hingehet / das iſt nit fürzu-
nemen

nemen einem Artzt für sein Theori-
ca / Das soll der Artzt in jhme wol be-
dencken / dann es ist nicht allein ein
jnsal im gesunden / sonder auch ein jn-
sal im krancken leib / dann sie ziehens
auff die kranckheit / daß sie inn gesun-
dem leib zu sein vermeinen / Aber an-
dere vrsachen mehr seind dz der gantz
leib nicht vermög / daß solche vier
complex sollen in eim menschen sein/
dieweil sie species seind/ Inn keinem
specie ist kein complexion / sonder die
natur seiner substantz / Die natur ist
kein complex das ich sag das ist heiß/
ist nicht sein complexion / sein natur
hats auß seiner substantz wie die far-
ben / Diß aber macht kein kranckheit
noch gesundheit / es müß etwas sein
kalt oder heiß ꝛc. inn seiner natur / das
gehet aber das lebendig corpus nicht
ane / scheidet sich von krancken vnnd
todten/ Zu dem das gesagt wirt sittē/
geberd/ art/ weiß/ gebrauch seind auß
der complexion/ das nicht ist / dañ sie
seind von astro nicht complexion/ Die
Gall macht kein zorn / Mars aber.

E iij

Auß dem volget nun / daß die Gall
vberlauffet wie ein Magen den du
vberfüllet hast mit eusserlicher speiß/
Also vberschüttet der Mars die Gal-
len / Solche ding zu erkennen was die
arth sey / gehört dem Astronomo zů/
nicht dem Medico / deren sie nie
gedacht haben / Darumb leichtlich
diser inn ein irrsal falt / der seiñ anfang
vnnd sein zůgehörende Kunst nicht
vollkommen kan / Darauff nun so
wisset / daß jhr die Complexion nicht
sollen dem Artzet vnderworffen ach-
ten zu sein / noch materiam oder vrsa-
chen der kranckheiten / dann solche
ding seind dem leben eingebildet / nit
physico corpori.

Das aber heiß oder kalt / feucht o-
der trucken die kranckheit ist / nicht
sag ich / daß sie solcher Complexion
seind / dann vrsach / das seind condi-
tiones, nit complexiones / Ein com-
Com-   plex stehet inn zweyen / das ist / in heiß
plex ste- vnd feucht / oder heiß vnnd trucken/
het inn   Also auch kalt vnnd feucht / oder kalt
zweien.   vnd trucken / zeucht sich auff die Ele-
menti-

mentische arth / das hie nicht fürzu=
nemen ist. Solche conditiones der
kranckheiten sind heiß oder kalt / aber
darbey weder feucht noch trucken/
vnnd darbey weder heiß noch kalt/
sonder also stehen sie / daß sie heiß ist/
vnnd nichts mehr darzů / also auch
feucht/ nichts mehr darzů/ in einer al=
lein steht die condition/ nicht in zwei=
en / Ich sag daß Mania sey ein hitz/ *Mania*
hab weder feucht noch trucken. Was= *ist hitz*
sersucht sey ein feuchte / hab weder
kalt noch warm/vnnd also mit ande=
ren / Also seind die kranckheiten ge=
naturt / das soll auch inn der Artzney
betracht werden/daß der ander grad/
das ist / die doppelt Complex nicht *Doppel*
genommen werd / sonder alle ding *com-*
besehen sein einige Condition / das *plex.*
ist heiß/trucken/ feucht oder kalt/ daß
sie mögen inn den kranckheiten nicht
stehen / es müß eins allein sein /
Dieweil es zwey ist vnnd doppel/
so ist es dem leben vnderworffen/
vnnd nicht dem Artzet/ Als ein ding
das hüpsch ist schön vñ wolgeferbt/

E üij

was gehets den Arꜩt anc? nichts/Al=
ſo gehen jhn auch nichts die comple=
xiones an / ſie ſeind der natur kleidůg
vnd zierend ſie / dem nicht zubetrach=
ten / So du aber wiſſen wilt das hiꜩ
allein ſtcht/kelte allein/ feuchte allein/
trucken allein / ſo nimb das für dich
was allein ſtehet / daſſelbig iſt on le=
ben / vnd ſcheidet ſich vom leben/da=
rumb ſo iſt jeꜩt die kranckheit da / Al=
ſo weiter die corpora zünden ſich an
von aſtris/ſonſt werden ſie kranck/die
altra werden jr bella inteſtina / Dar=
umb ſo nun das corpus angezündet
wirt / ſo nimpt es nur eins für ſich/ nit
zwey/es wirffts inn die hiꜩ oder in die
kelt/ oder inn die feuchte/ oder inn die
trückne/ inn welches nun geworffen
wirt / daſſelb iſt dem Arꜩet fürzune=
men / Wiewol der verſtand beſſer iſt/
wie diß Erempel lautet/ Einer ſchla=
het einem ein wunden oder beulen od
ein bein ab / oder dergleichen / nun di=
ſer ſtreich iſt an jhme ſelbs weder heiß
noch kalt/feucht noch trucken/ ſonder
ein ſtreich / Alſo lerne anfengklich alle
kranck=

kranckheit zu sein vnd dermassen her=
zukommen / So es nun dermassen im
leib ist / was ist es anders dann ein
wunden / da weder hitz / kelte / feuchte
noch truckens zubetrachten ist / dar=
umb so ist die rechte kunst incarnati=
ua / dieselben incarnatiua sie sind kalt /
feucht / heiß / trucken /rc. laß dich nicht
bekümmern / seind sie incarnatiua, so
hast du genüg / ander ding laß stehn /
vnd wiewol das ist / daß die wunden
hitzig äfflig febrisch werden / die ding
aber seind die kranckheit mit / die kräck=
heit nimb für dich / die darff keins le=
schens noch külens / solche ding seind
anzeigung deiner jtzigen kunst / daß
du nicht mit incarnatiuis versorget
bist / wie du dann versorgt sein solt /
Nun ists auch also in der wassersucht /
die ding gib so salem resolutiuum pel
lieren / vñ acht nicht weder kalts noch
warms / dann in derselbigen steht die
Artzney nicht / Zu gleicher weiß wie
Coloquint purgiert / vnangesehen der
complexion / vñ Turbith dergleichen /
die tugent sie nun nicht haben vonn

Artzney
der was
sersucht

E　v

der complex wegen/ ſonder auß mäñniſcher arth/ darumb ſo, ſeind alle virtutes rerum arcana alſo/ daß ſie jhre kranckheit heilen/ in dem weg wie ſie geſchehen iſt/ Ohne complex beſchehen ſie/ ohne complex werden ſie geheilet/ das laſſet euch alle eingedenck ſein/ Mit der natur es kompt/ in gleicher maß gehets wider hin/ Daß das feur vom waſſer außgeleſchet wirdt/ iſt nicht der kelte ſchuld / ſonder der feuchte/ Alſo auch daß das ſfeur wermet/ iſt nicht der trückne ſchuld / ſonder der hitz/ alſo bleibt einig das jenig ſo die kranckheit regiert / aber nicht das materia peccans ſey/ ſonder als einfarben die nichts nimpt noch gibt/ die kranckheit ligt da wie ein ſchwert/ das da ſchneidet ohne alle complexion. Sich begibt daß der Sulphur angezündt wirdt/ vnnd bereit als in perſico igne / Nun aber was iſt ſein Arzney? nemlich leſchen wie ein feur/ dieweil aber mit kelte Campher &c. die Cur geführt wirdt / ſo můß mann erwarten wie es gehet / Der grundt iſt

Kranck
werden
on com-
plexion!

Medi-
cin per-
ſici ignis

iſt hie allein zubetrachten / was da le-
ſche das vnſichtig feur / dann leſchen
iſt der grundt / külen iſt ſein gifft. trei-
ben hinderſich / gibt ander vbel her-
nach / Alſo wil Gott nicht / daß wir
handlen ſollen / ſonder mit volkom-
ner Artzney / ſo inn der rechten ord-
nung ſtehet / darauff geben / Wie vns
die augen anzeigen mit dem waſſer
vnnd feur / Alſo ſollen vnſere augen
auffgethan werden inn der Kunſt /
damit wir artzneiſch vnd auch Bew-
riſch ſehen das jenig / ſo der Bawr
offentlich ſihet / zu ſolchem grundt
werden wir getriben die Cur anzufa-
hen / Darumb ſo iſt billich vonn den
Complexionen vnd vier humoribus
zufallen / Dann ſie ſeind hie nitzube-
trachten / wie dañ betracht haben die
ſo die Artzney inn jrſal gefürt haben.

Dz iſt war / ein kranckheit müß heiß
oder kalt ſein / dann was iſt one farbē?
alſo nichts ohne das bemelt auch / ſo
iſt ein ſolches nicht mehr dann ein zei-
chen vnnd art einer kranckheit / nicht
die kranckheit / der die zeichen wil Zeichen
haben

haben für die materiam / der verſau=
met ſich / Was iſt daß die ſtirn brindt
vnd iſt heiß vnd der gantz kopff vnnd
der gantz leib / vnd der harn iſt rot / der
puls iſt ſchnell / die Lebern iſt durſtig /
vnd dergleichen :' Diſe ding zeigen ein
kranckheit an / aber nicht die materi=
am, ſie ſein anderſt dann die materia
iſt / ſie betriegen vnnd fälſchen die
kranckheit / als in colica von der con=
ſtipatiō / Sehet was da kompt / groß
grimmen / hitz / leme / durſt / kretzen vnd
dergleichen / die ding alle laß dich nit
bekümmern / ſo tu die conſtipation
ledigeſt / ſo weren alle ding wie obſte=
het ſelbs auffhören / Sihe den ſtein
an / was er für zůfäll machet / wiltuſie
nemen / ſo nimb ſie durch den ſtein
hinweg / one kalts vnd warmes / one
complex vnnd humorem mit dem
meſſer. So laſſet euch ein exempel
ſein nicht allein in diſen kranckheiten
alſo / ſonder in allen / das meſſer laß
ſein arcanum ſein / alſo erkennet die
arcana wie ſie ſein ſollen / das iſt / Wer
da kalts auff warms brauchen wil /
ſeuchts

PARAMIRVM.

het den grundt der kranckheit nicht/
Dann sehet an in Mania, Was hilfft
das alles allein sein adern auffzuschla
hen/ so genießt er/das ist sein arcanū,
nit Camphor/nit Nenuphar, nit Sal_
uia/nit Maiorana/nit Clisteria/nit
infrigidantia/nit diß für das/sonder
phlebothomia/ist jm also in Mania/
so ist jm auch in allen kranckheiten al=
so/vnd kein besonders.Das aber auch
etwas zusagē ist vō gesundē mēschē/
Er ist ein Melancholicus/ist vbel ge=
redt/dann das liecht der natur weißt
nit was Melancholia ist.Sagst du a=
ber er ist in seinen sitten Saturnus vñ
Lunaticus, das wer recht geredt/daꞃ
vnser mores vnd dergleichen der sit=
ten eigenschafft werden vom gestirn
gemacht/ vnnd Melancholia wirdt
dem gestirn nicht zůgelegt / So sie
nun nicht des gstirns ist/so ist sie auch
nicht billich inn der Artzney zuhalten
oder fürzunemen als ein seul die da
trag den grund der profession/Sol sie
nun um Miltz ligen / so ist das Miltz
Saturni

Cura Maniæ.

Sitten vnd mo- res sind vom ge stirn.

Saturni / vnnd Saturnus regiert es /
jhme gibt Saturnus vnnd das Miltz
mit einander die kranckheitē des Mil-
tzes / vnnd aber ſie ſagen nichts vom
Miltz noch vom Saturno / ſonder
von Melancholia / Vnd quartana iſt
auß dem Saturno gemacht vnnd ge-
ſchmidet / vnd gehet auch nāch ſeiner
impreſſion / wo bleibt dann die Me-
lancholia? Alſo iſt ein humor feel vñ
nichts / Sie ſagen von der Phlegma
des hirns / daß noch vil gröber feel / iſt
nit not allhie zuerzelen / vnnd von der
cholera vnd ſanguine / wo bleibt nun
ren, pulmo, ſtomachus / vnnd andere
mehr / cor vorauß / ſo ſie wolten hu-
mores haben / ſo ſolt cor ſonderlich
einen haben / pulmo auch / hepar
auch / renes auch / ꝛc. Als dann iſt / ein
jeglich glid im leib / hat ſeiñ humo-
rem / aber nicht wie die vier / ſonder
wie die membra außweiſen / ein jeg-
lichs für ſich ſelbs allein / keins gibt für
das ander antwort / das Miltz beſte-
het ſein ſchantz / die renes jhr ſchantz /
pulmo ſein ſchantz / vnd die ſtatt dā
cholera

cholera ligt/ jr eigen ſchantz/ die phleg-
gma da ſie ligt/ jr ſchätz / Melancho-
lia dergleichen/ Weit ſey von vns daß
wir den leib in vier ſeulen der homo-
rum teilen wöllen/ als in die vier Ele-
menten / Das iſt wol war/ vier ſeind　Elemẽt
der Elementen / ſo wir wöllen wiſſen　iſt ein
was element ſey / ſo iſt es ein mütter　mütter
ſeiner frucht / als terra iſt ein müt-　ſeiner
ter ſeiner frucht / wie dann offenbar　frucht.
iſt / ſein frucht fraget weder der kelte
noch der trückne der erden nach / iſt
auch allein für ſich ſelbs nichts / Da
müſſen zuſamen kommen alle vier E-
lement / Alſo auch das Waſſer/ der
Lufft vmd das Feur/ Wie jhrs aber
anzeiget/ ſo befindt ſich/ daß die Ele-
menten vonn euch noch nie ſind er-
kennt worden / ſo jhr ſie verſtanden
hettet/ ſo hettet jhr den Microcoſ-
mum geſchickter außgetheilet/
den jhr doch beim gröb-
ſten außle-
get.

C A.

CAPVT V.

Jeweil nun ultima materia
beweißt / daß alleding in den
dreien substantzen stehen / vnd
daß sie des Artzets subiectum sind /
vnd aber das mittel corpus sihet jm
nicht gleich / also gewaltig wirt es ge=
schmidet vnnd verkert / So ist doch
diß verkeren nit anders als allein wie
ein Maler ein bild malet an ein wand
oder geschnitten von holtz / da sihet
mann das holtz nicht / aber ein hüpsch
bild / vnnd ein nasser lump verderbet
alles wider was der Maler gemacht
hat. Also ist das leben auch / Ein mal
seind wir geschnitzlet von Gott / vnnd
gelegt in die drey substantz / nachuol=
gend vbermalet mit dem leben / das
vns vnser sehen / hören vnd bewegli=
cheit gibt / vnnd mit einem lumpen ist
es alles wider auß. Nun ist das zuwis=
sen hierinn / daß wir vns nit sollen das
leben mit seinem zůgehörenden an=
hang verfüren lassen / dann es ist gar
ein müseliger Maler der das außstrei=
chet

Mercurius, sulphur & sal, sind des Artzets subiectum.

chet auff die drey Substantzen / das
gleicht sich in einem / als habe jne die
Sonn gemalet / den andern ð Mon /
den dritten Venus / ꝛc. der sicht weiß /
der braun / der also / der also. Es ist des
Malers meisterschafft / der seine ge-
schnitzte Bild er dermassen zieret / a-
ber nichts nimpt auß dem gemáld /
Es seind farben die nicht von ôl oder
leim seind / sonder wie ein schatten oð
lufft. Nun aber das ist war / etliche
farben seind am menschen / die noth
seind auffzumercken / aber sie nemens
vom tod / der tod hat auch seine far-
ben / so er angeht / vnd sich setzt / so wei-
chet jhme das leben / so scheinet seine
farben herfür / Dise farben was zei-
gends an? den tod vnnd seine kranck-
heit / dise zwo farben seind not zuwis-
sen / sie geben dir aber keñ grundt der
kranckheit / dann sie seind zeichen / der
zeichen art ist betrüglich vnnd falsch /
wie ein wort / das von seiner zungen
gehet / ohn ernst oder one hertzen / da-
rumb aber daß die farben seind in den
dingen / du solt darumb kein vrtheil

fellen/dir dieselbige vnderwürfflich zu
machen/ dann weder der Himel noch
die Erden stehen dir bey / es ist vber
die ding alle. Aber nicht anderst ist zu
gedencken vnd wissen/ dann daß alle
ding inn dem bild stehen / das ist / alle
ding seind gebildet/ inn diser bildnuß
ligt die Anatomia/ der mensch ist ge-
bildet / sein bildnuß ist die anatomia/
einem Artzt vorauß not zuwissen/ deñ
also sind auch anatomien der kranck-

wasser- heiten/ das ist / hydrops ist gebildet
sucht wie ein bildnuß sein soll / darumb ist
vnd alle nit genüg die anatomey des menschē
kranck- zuwissen. sond auch der wassersucht/
heiten als wer sie gemalet oder geschnitzlet
geben vor jme in einer form/ also alle andere
jr Ana- kranckheiten. Zu solcher bildnuß der
tomey. Anatomey sollen wir vns fleissen/dañ
ohne die wirt vns die natur nicht Artzt
heissen. Nempt euch ein Exempel für
inn der Rosen oder Lilgen / warumb
hat sie Gott also formiert in der bild-
nuß/vnnd ander dingen dergleichen/
darumb daß er den Artzet beschaffen
hat / vnd sein Artzney auß der erden/
also

also daß er wisse was auß der erden
gehe in seiner anatomey/ So er jr ana=
tomey weißt / so soll er darnach wis=
sen anatomias morborum, so findet
er die eine concordantz / die sich zusa=
men vergleichen vnnd gehören / Auß
concordantz diser zweien anatomien/
wechßt der Artzt / vnd one die ist er
nichts/ Selig wer die stund/ darinnen
zu arbeiten der mit ellend vmbfasse
wer/ darauff sehet/ Ein jeglichs ding
das zu der Mutter gut ist / hat der
matricis anatomei, vnnd was kranck=
heit dieselbige hat / dieselbige anato=
mey ist darinn verfasset / darumb bil=
lich die anatomia groß sol vor augē li=
gen der kranckheiten vnd aller natür=
licher dingen / Also sollen wir Gott in
seinen wunderwercken erkennen/ vnd
bey vns selbst außmessen/ daß die sel=
gamen bildnuß nirgend vmb anderst
seind / Darumb solch selgam bildnuß
der kranckheiten auch/ vnnd der dise
kranckheiten der Rosen Anatomey
hat/ soll sich frewen / so er sie vor
jhme sihet/ daß jhme Gott ein solche

Artzney zůgestelt / die jn frölich ansi=
het / vnnd frölich tröstlich hilfft / die
Lilgen dergleichen / der Lauendel der=
gleichen / vnnd also forthin mit allen
dingen / Aber was seind die farben ?
nichts / den eussern augen allein ein
weide / die kranckheiten mögen sich
wol vergleichen mit jnen / so sie in jhr
letzt materiam gehn / als mit dem gu=
stu / was ist ein gustus als ein theil der
Anatomey / der da nichts anders be=
deut dann zu seines gleichen zukom=
men / darauß volgt nun aller glider im
leib außtheilung solches gustus / auff
das süsses zu seim süssen kompt / bit=
ters zu seinem bittern / wie die gradus
der süssen seine bittere hiebey jnnen
halten / Wer ist der da sehen wolt der
Lebern jhr Artzney in der gentiana,
agarico / coloquintide ? kein Artzet ?
Wer der Gallen jr artzney in Manna,
melle, saccharo, polypodio ? kein Ar=
tzet / gleich gehöret zu seim gleichen /
jedoch in der ordnung der Anatomei /
nicht kalts wider heiß / nicht heiß wi=
der kalts / sonder in der lini der Anato=
mey /

Non con
trarid
contra=
rijs cu-
rantur.

mey/ Es wer ein wilde ordnung/ so
wir wolten im widerspil vnser heil su=
chen gleich als ein kind das vmb brodt
schreiet gegen seim vatter/ der gibt jm
nicht Schlangen für brodt/ So sollē
wir Gott haben/ vnnd er hat vns be=
schaffen/ vnd gibt vns vnser begern/
vnd nicht Schlangen dafür/ das ist/
es wer ein böse Artzney bitterwurtz
für Zucker zugeben/ Darüb wie dem
kind sein begern gegeben wirdt/ vnd
kein gifft/ also da auch der Gall jhr
begern/ dem Hertzen das sein/ der le=
bern das jhr/ das soll ein seul sein/ dar=
auff der Artzet stehen soll/ zugeben in
der Artzney einem jeglichen ding/ das
jme zuuereigenet ist/ Dann das brodt
so das kind jsset/ hat sein Anatomey/
jsset sein eigen leib/ also auch ein jegli=
che Artzney/ Die Anatomey soll habē
jr kranckheit/ Den die anatomey nicht
erkent/ dem geht es hart vnnd schwer
zů/ so er der frombkeit nach gehn/ vnd
jrer einfalt/ ring ist aber bey dem des
frombkeyt klein ist/ den schand vnnd
laster nit kümmert/ das sind die feind

F iij

des liechts der natur. Sehet ane das
Auge im kopff / wie wunderbarlich
es da gemacht sey / wie der mittel
corpus sein anatomey so seltzam inn
die bildnuß gesetzt hat · vnd jm geben
sein gustum auß der bildnuß vnd gu
stu gehet die erkandtnuß seiner Artz-
ney / Nun mercket auff die anatomey
seiner zůfallenden kranckheiten / Ca-
taracta, Macula, Albugo, Scotomia
&c. wonung / das so du nun habst die
augen simplicia, so sihe auff sie / daß
du in jnen findest den species morbi
inn seiner anatomey / als ein exempel/
Die kranckheit nemmen sich auß der
Transmutation / Nun transmutir der
selbigen augen anatomien / vñ in der-
selbigen transmutation / so sihe die
anatomey des gustus vnnd der bild-
nuß / weniger aber der bildnuß mehr
des gustus, vnnd so du hast ein con-
cordantz deren dingen zůsamen/Wel-
cher blinder wolt brodt heischen von
Gott / dem gifft geben wirdt / darüb
so biß in der anatomey erfaren vñ er-
gründet/so gibst nit stein für brot/dañ
das

das wirstu wissen / dz du der vatter ð
kranckheit bist / nit jr Doctor / Darūb
so speiß sie wie ein vatter sein kind / vñ
wie ein Vatter sein kind beschaffen
ist / dasselbig zuerhalten nach seiner
notturfft / vñ jm das gebē das er selbst
jßt / also ein Artzet auch gegen seinen
krancken / Vnd wie du da verstehst ein
exempel / also sollen auch alle exempel
sein in andern krancken fürzunemen /
was transmutirt ist / das transmutir
auch / vñ hab auff das acht / das gsund
die anatomien zusamen geordiniret
werden / vñ darnach so die kranckheit
einfallen so hab acht / daß du dieselbē
inn beiden transmutationen verglei-
chest / also sollen die recept gsetzt wer-
den vnnd componirt / vnd nicht mit
langen Thiriackischen recipe vñ syru-
pis vnd dergleichē / in denen kein ana-
tomia ist / allein fantasia / Ob nun nit
billich mich abwürff võ dem proceß ð
herererbtē recipe, wie sie dañ lauten /
fürwar billich vñ wol / vñ aber daß vil
tugendē vñ krefftē sind in solchen etli-
chen receptē / dariñ dañ wirckung vñ

F üij

etlichs theils der gesundheit (wiewol
gefärlich) erfunden werden / so ist es
doch auß dem / das ongefärd ein ana-
tomia getroffen wirt / oder ein princi-
pal von einem gerechten Artzet einge-
flickt / das jn jr thorheit verdeckt vnd
blendt / vnnd dasselbig principal ver-
warnet sein ehr vnnd den zügeflickten
namen an sich / das ist die meisterschaft
solcher leute / Wie wüst jret der / des
grund mosig ist / der alle tag vnder-
stützen müß / damit er seinen erdichten
grund erhalt / nemlich die stützen seind
voller Sophistereien vnd blandimen-
ten / treibt köstlichs vnd vil hinzü / ha-
ben mehrer art vnd mehrerley geburt
an jnen dann die namen / deren doch
ein vnzal ist / Laßt das ein frag sein / ob
der wein vnd öl der wunden güt sey /
als Christus vom verwundten redet
in Hiericho / nemlich du kanst nit nein
sprechen / es müß ja sein / nicht ein fi-
gur / nicht ein gleichnuß / nicht ein ge-
schwetz / nicht ein boß / So es nun also
ist / vnnd ist ein Artzney / so müßt jhr
ewer eigne thorheit erkennen / dann jr
kommet

könnet nichts auß dem heilen / das
dann der Samaritaner geheilet hat/
Vnd ob gleich die Historien nicht ge-
schehen wer / so hat Christus kein vn-
nütze Artzney angezeigt / der die war-
heit ist/sonder ein anatomey vnnd ein
arcanum/dann weit sey von vns/daß
Christus vnrecht die simplicia der na-
tur genennet hab / Dieweil nun das
ein arcanum ist zu den wunden/ so se-
het an euch/was euch breste / od was
euch abgang / da müß es hin / daß öl
vnd wein genüglam sey / sonst ist kein
grund inn der Artzney / darumb so se-
het auff die bereitung / auff die krafft/
zeit /stund /eigenschafft / vnd was dar
zu dienstlich ist / dann lassest du das
ja sein / daß ein korn nicht frucht gibt/
allein es werde dann in den Acker ge-
worffen vnd faule / so müß das ander
auch war sein/ die wund ist der Acker/
das öl vnnd wein samen/nun ra-
the was die frucht
sey.

S v

CAPVT VI.

Vn geben die ding an tag au=
genscheinlich die artes / so sie
hinlegen vnd zertheilen den le-
bendigē leib / der nicht microcosmus
ist das ist im leben soll die erfarenheit

Mittel
leben ist
uita præ
sens.

geschehen Nun ist aber das war/ am
leben zu erfaren was im mittel corpus
ist ist zerbrechung des einen vnd ver=
endcrung ein anders / Dann auff das
leben baw nichts / das so das erst ist/
auff das ander gehe/im selbigen such/
daselbig leben kompt vonn künsten/

Ander
oder
mittel
leben/
per ar=
tem, per
sulphur
præpa-
ratum.

nicht zu dienst der seel / das ist / es ist
nicht jr herberg in disem leben/ In di-
sem ersten leben werden die künst ge-
funden/ vnd der grund so fürgehalten
wirt / Dann sehet an die schwacheit
des lebens so sie soll gehn in die wir=
ckung seiner arcanen / so müß das erst
leben sterben/ dann nichts ist in jhme
das dem menschen dienstlich sey / Die
Roß ist groß im ersten leben/vnd wol
gezieret mit jrem geschmack/ dieweil
sie den hat vnd behelt / dieweil ist sie
kein

kein Artzney nicht/ sie müß faulen vnd
im selbigen sterben vnd new geboren
werden. als dann red von den krefften
der Artzney / so administrier dann so d̄
Mag nichts vngefaulet lasset/das zu
einem menschen werden soll/ so wirdt
auch nichts vngefaulet bleiben / das
zu einer Artzney werden soll / darumb
so acht nichts auff das erst leben/such
auch nichts in jme / alle seine complex
vñ wz es ist zergeht vñ bleibt nit/Wz
nit bleibt/ was nit in die newe geburt
gehet / das ist dem Artzet nicht vn-
derworffen / alle sein arbeit soll sein/
daß sie inn die newe geburth gehe/
da entspringen die Tincturen / Ar-
canen/Quintum esse, inn dem dann
alle heimligkeit ligen/ vnnd grundt/
werck vnnd cura / So nun das ander
leben da ist / so ist da prima materia
sichtlich / deren ultima du sihest/ so
das erst leben des mitteln Corpus
abfahret / nach welchem mittel le-
ben / das newe Leben angefangen
soll werden / welches keinem theil
vnderworffen ist / als allein dem end/
 in dem

Des Ar-
tzets ar-
beit soll
inn die
newe
geburt
gehen.

in dem alle ding zergehen·vnd dieweil
der tod der zerbrechligkeit einfalt / ſo
iſt kein new leben da. Nun im men=
ſchen můſſen die ding vorbetrachtet
ſein/vnnd darauff gegründt werden/
dann in die außlegung vnd zerlegung
eines mitteln corpus befinden ſich
die primæ materiæ/der nur dieſelbigẽ
erkennt auß dem newen leben / der
weißt ſein ſubiectum/ vnd deſſelbigẽ

Zwey ſubiecta. lebens / Zwey ſeind der ſubiecta, eins
iſt der kranck/ diſer wirt in kein new le=
ben geſůrt·das mittel bleibt jme/Das
ander iſt die Artzney / dieſelbig erhalt
das mittel leben durch ſein new leben/
alſo auß der vrſachen ſtehen im newẽ
leben die arcana·vnnd im erſten nicht

Zwei= fache Anato- mia. oder mittel / Das iſt auch wol vnnd
recht / die anatomi microcoſmi zwi=
fach zuſůchen / Eine iſt Localis/Die

Anato- mia lo- calis wz. ander/Materialis, Localis iſt/daß der
menſch in jme ſelbſt zerlegt wirt / dar=
bey geſehen werden was bein/fleiſch/

Materi- alis. geäder/ꝛc. ſeind/vnd wo es ligt/Aber
das iſt das wenigſt / die ander iſt
mehr/vnnd iſt die / daß da ein new le=
ben

ben eingefürt werdim menſchē nach
dem erſten mittel leben inn die tranſ-
mutation/darinn befunden wirt/was
blůt iſt/welcher ſulphur, Mercurius
oder Saltz/ Alſo auch was das hertz
iſt/ welcherley ſulphur/ welcherley
ſaltz/ vnd welcherley mercurius/ vnd
alſo mit dem hirn/ vnd was da iſt inn
dem gantzen leib/das iſt nun die rech=
te anatomia / Alſo iſt der grundt des
anfangs / Alſo ſoll der Artzet geboren
werden / Aber diſe geburt iſt hart zu
uerſtehen/ vnnd ein harte rede denen
ſo auß jhren fantaſeien nicht weichen
wöllen / die jhren köpffen vertrawen/
vnnd nicht dem weg der warheit/ Al-
lein es ſey dann / daß wir inn kunſt le=
bendig erzogen werden/ wer wil vns
ſonſt vertrawen vnd glauben? das iſt
findung prim.æ materiæ,das iſt auch
die materia die vns die kranckheit an-
zeigt/ dieſelbigen müſſen wir erkeñen/
ſo mögen wir die tranſmutirt Anato-
mey auch erkennen.

Nun volget auff das noch ein A=
natomia/ dieſelb iſt der kranckheiten/
wie

Mittel
leben iſt
uita præ
ſens.

Anato-
mia mor-
borum.

wie offt gemelt ist/ dieselb ist nit noth
hie zu erzelen / Also seind drey anato-
mey / so im menschen sollen gehalten
werden / Localis die erste / die da zei-
get das bild des menschen / sein pro-
portz vñ wesen/ vñ was jm anhangt/
die and beweret dē lebēdigē sulphur,
den lauffenden Mercurium / das räß
saltz/in einem jeglichen glid / Vnd die
dritt weißt wie ein newe anatomey
der todt herein fürt / das ist mortis
anatomia, mit was art vnnd bildnuß
er kompt/ dann das ist des liechts der
natur anzeigen/ das der todt inn so vi-
lerley gestalt kompt / so vilerley spec-
es auß den Elementen gehen / so vi-
lerley corpus, so vilerley auch tod / vñ
wie ein jeglichs corpus ein anders ge-
bürt/ dasselbig geberen ist hie an dem
ort anatomia, dann sie kompt auch
mannigfaltig / biß wir alle einander
nach sterben/vnnd durch sie verzeret
werden Nun vber die alle ist auch ei-
ne gleichmässige scientia in der anato
mey der Artzney / vnnd vber das alles
also steht das Firmament/ also die er-
den/

Localis
anato-
mie usus

Mortis
anato-
mia.

ben/also das wasser/ also der lufft/ vñ
so die anatomey dahin gebracht wirt
im newen leben/ daß das Firmament
da erscheindt vnnd alle astra , so ist es
gerecht/ dann der Saturnus müß sein
Saturnum geben/ der Mars sein mar-
tem, vnd dieweil das nit geschicht/ so
ist die kunst der Artzney nit erfunden/
Dann wie der baum wechßt auß dem
samen / vñ wie das kraut wechßt auß
dem samen / also müß auch wachsen
herfür im newen leben das jenig so
vnsichtbar fürgehalten wirdt/ vnnd
doch da ist/ Dahin müß es gebracht
werden das sichtig werd / Dann soll
das liecht der natur ein liecht sein / so
müß manns sehen / vnnd müß nicht
dunckel sein noch finster/ Es müß sein
daß wir vnser augen dardurch brau-
chen mögen / darzü wirs brauchen
sollen/ dann sie werden nicht anderst/
dann wie sie seind / so müssen sie aber
anderst sehen dann der Bawr. darzü
müß jnen zünden das liecht der na-
tur. Darumb auch auß krafft der ana-
tomei/ so im liecht d natur gegründet/
billich

billich die kranckheiten geheiſſen wer
den / dem liecht nach / vnd nicht der
finſternuß / das iſt / die Ceder anato=
mei Cedriſche kranckheit gebe / dar=
auß dann volget in der beſchreibung
der kranckheit / Eiſen kranckheiten/
nach der Aſtronomey Martis kranck=
heiten / dann alſo wirdt ein jegliche
kranckheit benennt vnnd verſtendig.
Vnnd nach der kunſt jrrig vnnd auch
vnergründt heißt febris / diſer name
kompt vonn der hitz des febers/ vnnd
ſein hitz iſt nun ein zeichen der kranck=
heiten/ vnd nicht die materia noch vr=
ſach / Vnnd der nam ſoll gehen vonn
der materia vnd eigenſchafft vñ we=
ſen der rechten ſubſtantz (Alſo neſſeln
iſt recht urtica) ſie brennt / aber beſ=
ſer Sal urinæ/ dann ſie haben ein ana=
tomey/ darumb febris ein ſolcher nam
iſt/ der ſeins Meiſters torheit anzeigt/
dann es iſt morbus nitri ſulphuris
incenſi / darumb erſchütt es den leib/
darumb fröret es/ darumb gibt es in=
teruallum. Diſe vnnd andere namen
findeſtu in jren Capiteln/ Dergleichen
auch

Notatu dignum.

Febris was.

auch apoplexia sein eigen namen auß Apople-
weißt / nicht seines Meisters weiß- xia.
heit / das nicht apoplexia heissen soll
nach artzneyischem grundt / sonder
Mercurius cachimialis sublimatus,
dann also ist sein materia / vrsach vnd
materia peccans, die zeichen seind al-
lein dahin zunemen / dz durch sie das
corpus substantz erkennt werde / der
nun die zeichen falsch einfüret vnnd
verkeret / der jrret in der gantzen Pra-
ctica/vnnd was jme not ist/ Dann vil
seind corpora vnnd jre species/die da
hitz geben/ die da kalt geben/ darumb
ð namen febris falsch ist/aber Nitren
nit/Zu dem/Febris auß dem grüd der
humorum gehet/darauß er dañ nicht
gehen soll / wiewol billich die namen
geben werden auß der Kunst der hei-
lung/also Caducus/ Viridellus mor- Caducus
bus, dann derselbigen species caduci,
wirt vom viridello curirt/ so aber das
nit also beschicht/ mit solchem gewis-
sen vnderscheid / so wiß daß ein jrsal
ist / dann die vnderscheid behalt sein
Anatomiey. Nicht laß dich bekün-

mern / daß dir des bawren augen das
nicht fürhalten/daß vrſach / das mit-
tel corpus verblennt die gemelten au-
gen / Aber darumb ſo iſt die ſcientia
da / darinn der Arßet ſtehen ſoll / die
öffnet jhm mehr als dem Bawren/
dann ſo er nicht mehr ſehen oder er-
kennen wil dann der Bawr / ſo iſt er
nicht berufft zu einem Arßt/ noch dar
zů beſchaffen / Der Bawr iſt nicht
darzů beſchaffen/aber der Arßet/ das
macht die ſcientia, die der Arßet wiſ-
ſen ſoll / dann der Arßet iſt der/der da
öffnet die wunderwerck Gottes me-
nigklichen / So er nun darumb da iſt/
ſo můß er ſie gebrauchen recht / nicht
vnrecht/warhafftig/nicht falſch/ daß
was iſt jme mehr / das dem Arßet ſoll
verborgen ſein? nichts / Was iſt jhm
mehr/das er nicht ſoll öffnen? nichts/
Er ſols herfür bringen/vnnd nicht al-
lein im Meer/in der erden/im lufft/ vñ
im Firmament / das iſt / im feur/ auff
daß menigklich ſehen die werck Got-
tes/ warumb ſie da ſeind / was ſie be-
deuten/ nemlich als inn die kranckhei-
ten/

Arßet
öffnet
die wů-
dwerck
Gottes.

ten/Dieweil aber die ding nicht eröff=
net werden/ so ist es ein zeichen/ daß
noch kein verstand da ist/ der da sein
soll/ Was ist aber die vrsach/ daß so
ein grosse thorheit/ vnnd so ein kleine
kunst inn der profession ist/ vnnd wil
doch vil vnd hoch sein/ Das sie nicht
allein ist/ sonder auch in mehrern pro=
fession auch solche blindtheit vnd au=
gen fäl, dann wie wir nicht wissen den
cetum/das monstrum marinum, al=
so weißt auch die ander profession
nicht/ was das in Apocalypsi ist/
was Babylon ist/ seind gleiche blind=
heit/ die doch nit sein sollen/ vnnd wie
die blindheit eines Artzts inn solchen
dingen der krancken todt ist/ Also ist
auch bemelte blindtheit der Seelen
todt/ Wunderbarlich redet Christus
seltzam ding/ solches ist auch die Artz=
ney/ wie eins/ also auch das ander soll
vnd müß ergründt werden/Dann die
zwo profession werden sich nicht von
einander scheiden/ dieweil der leib der
Seelen hauß ist/so hangt eins am an=
dern, vnd öffnet je eins das ander.

G ij

CAPVT VII.

Vn weiter iſt zuuerſtehen/die=
weil bißher die Anatomey vnd
das new leben / mit ſampt der
ſcientia fürgehalten wirt/in allen ſub=
ſtantzen zubetrachten vnd zuſuchen/
das nicht ohne vrſach beſchehen iſt/
daß es iſt der grundt der Artzney / So
iſt nun weiter von nöten / daß alle vn=
ſer inwendig gebrechen ſo wir haben/
mit den euſſern genehret werden/alſo
was wir ſeind/ das iſt auch das euſſer/
vnnd ob das nicht alſo gebildet iſt / ſo
iſt der Same da des corpus/ vnnd in
vns wirds gebildet / Zu dem daß es
iſt wie ein Sam/der iſt ſein baw/ aber
in der erden geſchichts/dann der Ma=
gen der erden iſt der ſchnitzer darzů / ð
das darauß macht/ ſichtlich/ daß es
vnſichtlich iſt/ darauß dann alle kranck
heiten jr bildnuß haben/Alſo auch ein
ſolche bildnuß jr verordnet von Gott
Artzney/dann wirdt die Lung kranck/
ſo hat ſie jhr Artzney/ die ſich bildet in
jrer anatomey/ wie dieſelbige kranck=
heit

heit ift/darauff nun so wiſſet ein solch
beiſpil vonn der narung/das also lau=
ret: Alles was vnſer narung iſt/das
ſelbig iſt das/das wir ſeind/also eſſen
wir vns ſelbs/ also iſſt auch die Artz=
ney mit der vnderſcheid/nach innhalt
ſeiner kranckheit/vnd was mit der ge=
ſundheit abgehet/ daſſelbig erſtatt
daſſelbige glid in ſeinem glid/ſolches
laß dich nit befrembden/ dann vrſa=
che/ Ein Baum der auff dem felde
ſtehet/were ſein narung nicht/es we=
re kein Baum/ was iſt die narung?
Iſt nicht ein meſtung oder füllung/
ſonder ein Sam/ hunger erſtattung/
was iſt der hunger? Ein fürhalter des
tods zůkunfft im abgang der glider/
dann die form iſt geſchnitzelt in mittel
leib durch Gott ſelbs/diſe ſchnitzlung
bleibt in ð form des bilds/ aber ſie zer=
geht vñ ſtirbt on die hinzůſetzung der
erſten form/ der nit iſſet/ der wechßt
nit/ der nicht iſſet/der bleibt nit/So
nun der wachſendt auß der Speiß
wachßt/vnnd der formmacher iſt bey
jhme/ der ſein form aufftreibt/ ſo ein
G   iij

form het vñ on die kan ers nit / darauß
dañ volgt / dz die narung des gschnitz=
elten bilds form in jr hat / in die sie ge=
het / wechßt vnd aufftreibt / Der regen
het in jme den baum vnnd den liquor
terræ, der regen ist das tranck / der li=
quor terræ sein speiß / durch die wach=
set er / Nun was wechßt da? nichts
anderst / dañ so vil der baum zunimpt
in sein wachsen / so vil vnd vom regē
vnd liquor terræ holtz vnd rinden ic.
Der formierer ist im samen / das holtz /
rinden / ic. ist im liquor vnd im regen /
derselbig Schmid im samen kan auß
den zweien dingen holtz machen / Al=
so mit den kreutern / der sam ist nichts /
er hat allein den anfang inn dem der
formirer ist / vnd der schmid natur vñ
eigenschafft / weiter so es sol auffgehn /
so gibt der regen das taw ic. vñ liquor
das kraut / darumb in denselbigen sten
geln / bletter / blümen ic. seind / Also ist
ein jegliche form eusserlich in der na=
rung in allen auffgewachsen / vnnd so
wir die nicht haben / so wachsen wir
nimmer auff / sonder wir sterbē in ver=
laßner

laßner form / Also so wir nun auffge-
wachsen habē/so müssen wir die form
erhaltē/ daß nicht ab gehe/dañ in vns
ist ein wesen / zugleicherweiß wie ein
feur / dasselbig wesen verzert vns vn-
ser form vnd bild hinweg/ so wir nicht
hinzů theten / vnd mehreten die form
vnsers lebens / so stürben wir inn ver-
laßner bildnuß / darumb so müssen
wir vns selbst essen/auff daß wir nicht
sterben/auß gebresten der form / dar-
umb so essen wir vnsere finger/vnsern
leib / fleisch/ blůt/ füß/ hirn / hertz ꝛc.
das ist / Ein jeglicher biss den wir es-
sen / derselbige hat inn jhme alle vn-
sere glider / was der gantz Mensch
begreiffet / vnnd inn jhme verfasset.
Ein jrrsal ist eingefallen/ der da anzei-
get / daß die glider des leibs narung
haben müssen aber damit stehen sie
still/ warumb sie narung haben mů-
sen/ oder warzů Sie haben nicht ver-
standen was im menschen die narung
ist / vnnd warzů sie wirde/ vnnd wer
sie darzů machet / darumb so nimpt
der Schmid nichts an zu dem bild /

G iij

dann was jhme darzü güt ift/ das ift/
das das holtz ift / das ander wirfft er
wider durch den Stülgang auß / das
bild bleibt allein. Das ift dergleichen
auch zuermeffen in allen dingen ift die
narung/ allein der form halben/ fo der
Sommer herkompt / fo ift die zeit des
hungers in bäumen / als dann wöllen
fie laub / blühe/ frucht ıc. geben/ was
wirt darauß / fo fie die form derfelben
nit eufferlich an fich nemen / in jhnen
haben fie es nicht / dann hetten fie es
in jhnen/ fo geben fie es abgehawen/
gleich fo wol als inn der erden / Dar=
umb ftehen fie inn der erden/ daß die=
felbige form in fie kommen vnnd ge=
fchmid werd/ darzü fein eigenfchafft
ift/vnd fein meifter/ das ift fein donü/
der menfch bedarff deffelbigen nicht/
dann er gibt fein frucht nicht dermaf=
fen wie ein Baum / er ift in den früch=
ten ein andere Creatur / Darumb fo
wiffet/ alle ding die da leben von we=
gen jrer form/ behaltung/ hinziehung
derfelbigen / den hunger haben vnnd
den durft / auff daß in jhnen erftatten
die

die bildnuß / zu gleicherweiß wie jr ſe=
het / daß das ſchmär ꝛc. feißte ꝛc. zu=
nimpt von der narung / wo das nicht
geben wirt/ ſo geht das theil der bild=
nuß hinweg alſo ein anders auch · wie
wol die art iſt / ſo es zu den hauptgli=
dern gehet/ daß der tod ſchnell da iſt/
dann das leben bleibt nicht in brech=
licher inwendiger bildnuß gemeines
leibs/Alſo wachſen auß dem menſchē
die menſchen/ das iſt die narung iſt ð
menſch / vnnd gibt wider dem men=
ſchen· das iſt bildtnuß deſſelben / alſo
eſſen wir vns ſelbſt/ vnnd wo wir alſo
vns ſelbſt nicht eſſen/ ſo verſchwindt
vnſer leib / vnſer corpus / vnſer mittel
leben/ vnnd was in vns iſt / Aber alſo
ſeind zwen menſchen/ſichtig vnd vn=
ſichtig / der ſichtig iſt zwifach / nem=
lich nach dem leib vnd nach der ſeele/
der vnſichtig iſt einfach / nemlich
nach dem leib/ vnnd gibt ſein exempel
alſo / Ein holz das vor vns ligt / dar=
auß mag der ſchnitzler ſchnitzen ein
bild / ſo er daruon thut das nicht dar=
zu gehört / alſo iſt in dem holz ein bild

Sichti=
ger vnd
vnſich=
tiger
menſch.

G v

das im erſtlich nit gleich ſehe / alſo iſt
die narůg der menſchen / vnd aber im
leib gehet ſein glidmaß / nicht daß es
bleibt an einer portz / ſonder es wirdt
am kůnſtreicheſten gemacht/dann da
ſchnitzelt der óberſt Meiſter / der ma-
chet ein menſchen / das iſt / theilt die
glidmaß auß / ſo weit der menſch iſt/
So wir nun wiſſen/daß wir vns ſelbs
eſſen / trincken / ein jeglichen Bawm
ſich ſelbſt / ein jegliche natur die da le-
bet/ſo ſollen wir nun auch weiter wiſ-
ſen / was vns hierauß entſtehet / be-
treffend die Artzney/wie hernach vol-
gen wirt/wiewol wir nicht bein eſſen/
geáder/ligamenten/ vnnd ſelten hirn/
hertz/ꝛc. auch nit ſchmär / ſo verſtehe/
daß bein nicht bein macht / noch hirn
hirn / ſonder ein jeglicher biß / daſſel-
big alles iſt die form da vnſichtlich / ſo
iſt auch das gebein da / das brodt iſt
blůt/ wer ſicht es?Es iſt ſchmär/ wer
ſicht es ? wer greifft es? Es iſt ſpeck/
niemandts greiffts noch ſichts / es
wůrds aber / ſo gůt iſt der meiſter im
magē/ der auß ſchwebel kan eiſenma-
chen/

chen/ das schwebel ist/ der ist täglich
auch da/ vnnd schmidt dem menschen
dasselbig/ darzů er jhne gebildet hat/
Also kan er auch auß Saltz den Dia-
mant machen/ auß Mercurio gold/
so kan er das auch/ jhme ligt mehr am
menschen/ dann an den dingen/ dar-
umb so schmidet er jme was jhme not
ist/ trage du nun zů/ vnnd gib jme sein
zeug/ laß jhne scheiden/ formieren wie
alle ding sein sollen/ der helt die maß/
zal/ gewicht/ proporz/ lenge vnnd al-
les. Darauff nun so wisset daß ein jeg-
liche natur zwifach ist / die eine auß
dem sperma/die ander auß der narung/
der sperma ist ein sam/ so bald er nun
da ligt/ so sucht er die narung/ er ist ein
creatura selbst/ die narung auch eine/
er hat die freiheit der form des men-
schen/ Also daß er isset das zu einem
menschen wirt/ vnnd das menschen
glider darauß werden/ darumb so ist
d mensch ein verzerung der form gesetzt
durch den todt/ der machet die vrsach
des Samens/ denselbigen tod můß er
erhalten in dem/ das die narung thůt

Natur ist zwifach.

vnd

vnd vermag/ Also ist es nicht gnůg dz
der Mensch auß seiner mütter gebo-
ren ist/ Sonder gleich so wol auß der
narung was menschlich lebē antrifft/
Seel halben das ist gesondert vonn
der narung/ dann desselbigē leben ei-
genschafft kompt mit der Seel/ nicht
mit dem Leib/ das mit dem leib kom-
met sitten halben/ kompt vom men-
schen her in seiner weißheit/ Die aber
was da ist von der narung/ ist der leib
darbey/ nicht gemalt wirdt weder tu-
gent/ zorn/ frombkeit/ oder schalck-
heit/ was der Leib ist/ das weißt der
Arzet wol/ der den leib auch schmidt
in mütter leib/ der schmidt jhne auch
im Magen/ dann also erhalt diser
Schmid sein arbeit vnd werck auff/
für vnd für/ das nicht anderst gema-
chet ist/ dann teglich daran zu flicken
vnd zu bletzen/ das ist/ zu erhalten die
form/ die alle tag jetzt da/ dann da ab-
nimpt/zergeht vnd bricht/ zertrent in
disen oder den wegen/ wie dann mit
gesundem leib vnd kranckem leib ma-
nigfaltig bezeuget wirdt/ Dann ge-
                                    sundheit

sundtheit wil gleich so wol gehalten
werden in wertschaff als kranckheit.

Also/damit vnd wir erkennen / daß
wir zween leib da müssen haben / vnd
seind doch ein leib / aber zwifach ge-
schaffen im Samen vnnd in der Na-
rung/vnnd daß der narung leib gleich
der leib ist/so dann der Sperma leib ist
(wiewol er ihm vorgehet) auß der vr-
sachen sollen wir vns erkennen / daß
wir / so bald wir kommen auß mütter
leib / vnd auch in mütter leib der gna-
den Gottes vnnd seiner barmhertzig-
keit leben/vnnd den leib weitter nicht
auß der mütter/sonder auß der narüg
haben / dann eiñ leib haben wir auß
gerechtigkeit/auß vatter vnd mütter/
daß aber derselbig nicht sterb vnd ab-
gang/so empfahen wir ihne auß gna=
den / durch bitt gegen Gott inn dem/
so wir bitten das täglich brodt gib
vns heut·das als vil ist/Gib vns heut
vnser täglichen leib/dann der leib auß
der mütter nehret sich inn die stund
des tods / darumb so bitten wir vmb
das tägliche/ dasselbige ist das tägli-
che/

Wir sind ein leib/vñ haben zween leib.

Ein jedes creatu ist zwifach dann es hat einê leib der gerechtigkeit/ist spermatis, vnd eiñ leib der barmhertzigkeit / ist der narung.

che/ das vns den leib gibt/ alſo habett
wir zween leib / der gerechtigkeit vnd
der barmherzigkeit/ vnnd alſo zween
Medicin / der gerechtigkeit vnnd der
barmherzigkeit / das iſt / vber beide
leib ſeind wir berůfft / das vns auß
Vatter vnnd Mutter angefallen iſt/
das vns auß der ſpeiß anfellt. Dar-
auff ſo werden wir von Chriſto gelert
zu bitten vmb das tägliche brodt/ als
ſpreche er: Ewer leib iſt nichts den jr
von der Mutter habt / er were heut
geſſen / vor ringer zeit tod geweſen/
das brot iſt ewer leib nun forthin / vñ
darumb ſo betrachtet/ daß jr nimmer
auß der gerechtigkeit lebet vom Vat-
ter vnd Mutter / ſonder auß dem leib
der barmherzigkeit/ auff das ſo bittet
ewern himliſchen Vatter vmb das
tägliche brodt / das iſt / vmb ewern
leib / ſo gibt er euch den leib / das iſt/
den leib der barmherzigkeit / inn dem
leben wir fürthin/ vnnd haben nicht
vom leib der gerechtigkeit / als allein
den anfang vnſerer menſch werdung/
darumb ſo eſſen wir vns ſelbſt auß
gnaden

Leib
der ge-
rechtig-
keit vnd
barm-
herzig-
keit.

gnaden vnd barmhertzigkeit/dañ das
soll der mensch erkennen / wiewol er
auß der Mütter leib kommen ist / er
ist darumb nimmer der Mütter sohn
noch seins Vatters / sonder der sohn
der jhme die narung gibt/Darumb ist
vnser Vatter im Himmel nicht allein
nach der gerechtigkeit/die er in Adam
gelegt hat vnd in seine kinder / sonder
er ist täglich vnser Vatter / so wir den
leiblichen tödtlichen vatters leib ver-
lieren / dann nicht mehr haben wir
vom tödtlichen Vatter dann den sa-
men/das ander alles vom Himlischen
Vatter/des seind wir/den bitten wir
vmb vnsern leib / wie erzelt ist / vnnd
nicht vmb den leib der gerechtigkeit/
So der leib der gnaden nicht were/
diser stürbe inn der ersten stund / Da-
rumb sehet was der leib sey/wir essen
vns selbst/aber nicht auß der ge-
rechtigkeit/Sonder auß
genad vnnd
bitt.

C A.

Den sa-
mē hat
der men-
sche võ
dem
tödtli-
chen
Vatter.

CAPVT VIII.

Arumb ſollen wir nun ſehen was wir ſeind/ſo wir nun fort-hin nimmer leben auß mütter leib/ ſonder auß dem leib des brodts/ durch barmhertzigkeit / vnd nicht ge-rechtigkeit erbitten müſſen/ auff wel-ches Iohannes Baptiſta geſagt hat/ da er meldet vonn den Juden / daß Gott möcht auß den ſteinen dem Abraham kinder erwecken / was iſt das anders geredt/ als auß ſteinē brot machen/wie auß der erden? welches brot den leib Abrahams kinder gebe/ die ſich als denn erkeñen würden auß dem leib zuleben der gnaden / der na-rung. Das ich darumb erzele/ daß ich weiter möge einfüren mein fürnemē/ wie der menſch ſein Anatomey auß-wendig hab/ vnnd daß ſie der Artzet wiſſen ſoll/ vnd daß ſein ſcientia alſo ſoll gründen / dardurch wir kommen auff den grundt der dreien Subſtan-tzen was dieſelbigen ſeind/vnnd alſo auß diſem leib volget hernach das re-giment

giment vnd dieta / das weiter ein vr=
ſach ſein wirt zu beſchreiben die kranck=
heiten der fülle vnnd vnordenlicher
maß / vn vnzimlicher ſpeiß / ſo vnſerm
leib nicht zůſteht / wiewol darumb ſo
haben wir den leib des brots / das iſt /
daß vnſer Magen was wir jm geben /
daſſelbig in vns oder zu vns verwan=
delt / So laut aber das bitt auffbrot /
vnnd weiter auch / daß vns alle ding
rein ſein / vnd vnderworffen / Jedoch
je neher dem brodt / je geſünder der
leib / vnnd in allen dingen maß. Alſo
ernewern vnd erjüngern wir vns / vñ
nach dem vnnd wir auß dem Samen
der narung ſäen / demnach haben wir
jne / vnd haben noch auß dem leib der
gerechtigkeit auch kein kranckheit /
wiewol die gerechtigkeit nit kranck=
heit gibt / alſo auch das brot darumb
wir bitten / auch kein kranckheit gibt /
wie dann Johannes Baptiſta vnnd
andere mehr one kranckheit auß diſer
vrſachen gelebt haben / Aber wie im
brodt die gaile gebraucht wirdt / alſo
auch wirt ſie gebraucht in der gab der

h

gerechtigkeit / alſo daß in beiden thei-
len die vnmaß / die vnordnung gebrau
chet wirt / auß welcher hernach volgē
kranckheiten vnd dergleichen welche
wir nit hetten / ſo wir dem geſetz vnnd
den bitten nachgiengen / Alſo empfa-
hen wir vil kranckheiten von mütter
leib / vnd daß wir müſſen zum andern
mal geborn werden / empfahen wir
zum andern mal dieſelbigen kranckhei
tē auch / das iſt / durch dz reglich brot /
daŋ ſo wir ſollen gründtlich vom re-
giment reden vnd ſchreiben / ſo mögen
wir kein anð regiment vŋ diet ſetzen /
dann bleiben im geſatz der gerechtig-
keit / vŋ in der ſpeiß darumb wir bittē /
darnach für vŋ für alle geſundheit in
erhalten werden vnd bewart / für allē
kranckheiten / So wir aber das regi-
ment nit halten / ſo werden wir auch
nit behalten vnſern geſunden leib / die
weil aber Gott der iſt / der gütig iſt /
vnnd ſolche vbertrettung ſeines ſelbs
gegeben recepts vnd ordnung nit hal
ten anſicht / darumb den Artzet be-
ſchaffen / der gleich dermaſſen iſt / als
da

da Christus spricht zu seinen Jünge=
ren: Vergebung der sünd / so offt der
sünder seufftzet / also da auch / so offt
die kranckheit kompt / dieselbige zuhei
len / durch krafft des gebots heilen die
recepten ein jegliche sucht / reinigen
die aussetzigen / Also ist die Artzney be=
schaffen / vnd der Artzet mit jr den leib
zubeware / durch die macht / der auch
die seel im leib bewaret / Darumb ist
es groß zubesitzen das ampt der Artz=
ney / vnnd nit so leicht als etliche ver=
meinen / Dañ zu gleicherweiß als Chri
stus den Aposteln beuolhē hat / Geht
hin reiniget die aussetzigen / die lamen
machet gerad / die blinden gesehend /
vnd dergleichen / Dise ding sollē tref=
fen auch den Artzet / als wol als die A=
postel / der nun des aussatz vnwissend
ist zuheilen / der versteht die macht der
Artzney nicht / der die lamen nit gerad
machet ist vnbillich ein Artzet / vnnd
dergleichen also mit anderen dingen
allen / so wisset / daß Gott den Artzet
nicht gesetzet hat / vonn wegen des
pfnusels / hauptwee / eissens / zanwee /

h ij

sonder von wegen des auffatzes/ schen
tods/ fallend sucht/ vnnd dergleichen
nichts außgenommen / mögen wir
das nicht thün/ so gebrist vns ð kunst
vnd der weißheit so da sein soll/ vnnd
Gottes trew gehet nit ab. Alle artzney
ist auff erden / aber dise seind nit da/
die sie schneiden sollen / das ist/ ge=
wachsen seind sie in der erndt/aber die
schnitter nit kommen / so die schnitter
da sein werden der rechten Artzney/
ohn ein wenende gefälschte Sophi=
sterey / so werden wir die aussetzigen
reinigen / die blinden gesehend vnnd
dergleichen machen/ dann die krafft
ist allein in der erden / vñ wechßt/aber
die hoffart der Sophistereien laßt
die mysteria der natur nicht herfür
kommen vnd jre magnalia, sie schetzẽ
die Artzney wie sie leuth seind / deren
scientiæ vnnd frombkeit vil auff ein
quintlin geht/ Sie verantworten jhre
thorheit mit dem/iste morbus est in=
curabilis, da sie nicht allein jhr thor=
heit mit anzeigen/ sonder auch die lü=
gen/ dann Gott hat nie kein kranck=
heit

heit laſſen kommen / der er nicht jhr
Artzney beſchaffen hat / aber vnſer vn-
wiſſenheit pfleget ſolcher handlung
vergeſſen / daß vns Gott den leib mit-
theilet alle tag täglich / vnnd ſolt die
kranckheit nit mittheilen zu heilen zu
ſeiner genanten ſtund ? auff die keiner
mehr gedacht hat / Aber mechtig
ſtreuſſet ſich der widertheil / wiewol
hierinn vil zumelden were / nemlich /
daß Gott wil ſo wol krancke leut auff
erden haben als die geſunden / vnnd
etwan von eines wegen ein gantze le-
gion kranckheiten / ſo hat er doch alle
mal mit ſeinen gnaden die Artzney
mitgetheilt / vnd geſagt: Die krancken
bedörffen des Artzets / Nun ſo ſie ſein
bedörffen / ſo iſt es von des wegen /
daß er ſie ſoll geſund machen / wo das
nicht beſchicht / was wöllen ſie ſein /
ſie bedörffen des der ſie geſund ma-
chet / vnd nicht laß ligen / vnd mit jnen
küntzlen / das da bezeugt / daß wir al-
les ſollen heilen können was da kranck
iſt / auſſatz / blind vnnd lamen / dann ſie
ſeind alle kranck / vnnd dörffen eines

h iij

Arzts / Nun aber wiewol das ist / daß
der / der seine augen zum spilen brau=
chet falsch etc. der darff jr fürwar nit/
der sein zung zu öppigen lastern brau=
chet. der darff jr auch nicht / ob Gott
ein solchen entsetzt des glids / vnnd er
sprech/ Ich bin kranck / ich bedarff ei=
nes Arzts zu meinen augen / so ist wol
ein frag da in der schůl / er darff jr nit/
also auch der Hůrer der beinen nicht/
dise ding aber stehen bey Gott / nicht
bey den menschen / etwas ist daran / vil
gehet nicht fäl auß / es werd der Arzet
entschuldiget / nicht allein in einer / son
der in allen kranckheiten / so da fürdern
ein arges / sie werden auch seliger ge=
achtet / dann die gesunden bösen / dañ
die Gott liebet / die straffet er / aber so
heimlich / daß es keim Arzet wissend
ist.

Nun aber daß der heimlichen vnd
grossen trew Gotts nit vergessen wer=
de / so wisset / wie groß die Arzney von
Gott bschaffen ist / also dz sie nit allein
gesund macht die kranckheiten / so ich
biß hieher melde vnnd gemeldet hab /
Sonder

Sonder auch die auß der geburt kom-
men/als die gebornen blinden/ lamen
vnd dergleichen/so es auß dem selben
grund nicht kompt/so gebresten noch
vil bletter inn der artzney / wiewol vil
bletter erfüllet seind/aber mit vnnütze
geschwetz/ so ist es doch nit beweget
worden/ das da solte vnbeweget mit=
gelauffen sein/ Dann so wir die seltza=
men wunderwerck der natur ansehen/
daß so seltzame geburt beschehe/ Der
Leo todt geborn wirdt/ vnd das lebe
durch das geschrei erlangt / das mehr
ist dann ein gesicht zuerlangen / nem=
lich/ nicht allein der Leo solches hat/
sonder auch andere mehr/ dauon wir
nichts wissen / noch erfaren haben/
darumb vns die natur fürbildet / wie
vil vns abgehet in der heimligkeit der
natur / Derhalben wir vnbillich juh
schreien mit vnsern hudlen/ dann wir
seind fürwar nicht vber den gatter/
vber den wir vermeinen/ gesprungen
sein/ es ist der tag des jubilirens / der
miseriæ & amara ualde/ dann da ist
noch kein afang/ich gschweig d natur

h   iij

heimligkeit / vnd der das ſagt / ð můß
verſpottet werden / noch iſt es allein
ein geplän / alle die Bůcher darauff jr
euch weiſen ziehet / das beweiſen ewe-
re werck / daß jr vnd ewere leer nichts
ſollet / jr nempt den ſchlüſſel der weiß-
heit / das iſt die ſcientia vnnd Gott
ſelbſt auch nit in dieſelben. Alſo ſoll es
gefaſſet werden / das zu einem Arꜩet
gehöret / wie fürgehalten iſt inn allen
Capiteln einander nach / vnnd die na-
tur wol ergründt / dann ſie iſt nit of-
fenbar in jren heimligkeiten / vnd gar
wenig / es war ein wunderbarlich ding
verkeren des / welches ſo doch nur ein
anders wer am erſten / auß dem wir
alle kommen / vnnd doch nicht gleich /
was war hierinn die vrſach ꝰ allein die
heimligkeit der natur / die auch die Ri-
ſen gemacht hat / die auch 500. 600.
800. vnd 900. jar das alter geben hat /
diſe wuſten zuſagen die in ſolchen ge-
lebt haben vnnd ſie genoſſen / die zu
denſelbigen zeiten die erkandtnuß ge-
habt haben ſolcher heimligkeiten / dañ
das vmb ſonſt im apffel geſtandē iſt /
der

der in Ebron verbotten ward Adam/
gůt vnd bōß mag nit sein/sonder es ist
ein groß anzeigen / das noch vil mehr
in der natur ist: Dann das allein das
wir wissen/ freilich vngezweifelt groß
prædictiones, scientias, sapientias,
dann nicht allein in einem apffel das
gewesen ist / sonder in vilen mehr inn
andern dingen / als dann noch vil sel-
zams erfunden wirt/das nit gůt wer
zu eröffnen/es sey dann sach/daß ver-
botten sey worden durch Gott / die
krafft nicht außzulassen/ dann ist gifft
auff erden / darinn der todt ist / so ist
auch auff erden das das leben macht/
ist das so kranckheit macht/so ist auch
das so gesund macht / Aber fürwar es
ist nach solchen dingen kleine nach-
forschung vnd bemühung / es verder-
bet die gemeine profession im seich be
sehen/das macht das faulkuchengelt/
daran sie sich benügen lassen kunst
halben/so jn dann der seich so vil auß-
tregt / was wöllen sie dañ weiter fleiß
ankeren? sie suchen doch allein den
pfenning.

ħ v

CAPVT I.

SO ich nun sagen soll von den dreien zusammen setzung inn ein Corpus, wie dieselbigen zusamen kommen / darinnen nemet euch ein solch Exempel / Ein jeglicher Same ist ein zwifacher sam / das ist / ein sam inn dem die drey substantz seind vnnd wachsen / vnnd wie also nun ein sam da ist / vnnd erscheinet / also erscheinen die drey nur einerley sein / Nun ist ein jeglich ding im samen vereiniget vnd nicht zertheilt / Sonder ein zusammen fügung einer einigkeit / als inn einer nuß / darinn ist holtz / darinn seind rinden vnnd wurtzen / das seind drey widerwertige ding / vnd aber bey einander ein Same / also der Mensch auch / der ist nun ein Same anfengtlich / des
schel /

schelen oder schelffen die sperma ist/
den samen hat nie kein mensch gese-
hen seiner kleine vnd subtilen halben/
Nun wachsen auß dem Samen die
Menschen/ So nun also das wach-
sen angehet/ so wachsen die drey ding
auff/ ein jegliches zu seiner natur ver-
mischet vnd vereiniget zu einem cor-
pus, nicht zu dreyen/als ein Mensch/
der wechßt inn die gebein/ fleisch/
blůt/ wiewol dreierley/ aber nur ein
gewächß/ Also geben die drey ein cor-
pus, vnnd seind selbst vnsichtig imm
selbigen/ Also wachsen die drey Sub-
stantz auff inn der einigkeit vermischt
biß auff sein zeit/ so stil zu samen/ als
ein Baum der wechßt auff am ersten
in eim marck/ dasselbige marck ist drey
substantz/ doch so gehn sie in ein cor-
pus, das ist/ die drey substantzen/ vnd
aber nur ein holtz/ vnd das darinnen
drey Substantzen seind/ das beweißt
die Kunst/ die natur vnd der todt/ der
ein jegliches ding zertheilt vnnd zer-
legt/ besond wie ein jeglichs sein soll/
Also wisset den anfang der dingen/
daß

daß sie in einander wachsen vnnd ein
ding seind/ vnd ein jeglichs sein ampt
hat/ den corpus volkommen zuma-
chen. Nun wisset auch hierinn was

Ampter
der drei
en sub-
stantzen

eines jeglichen ampt sey / Auß dem
sulphur wechßt der corpus/ das ist/
der gantz leib ist ein sulphur, vnnd
ist also ein subtiler sulphur, daß jhn
das feur hinnimpt vnd verzert/ vnnd
one sichtligkeit / Nun seind der sul-
phura vil/ das blut ein ander sulphur,
das fleisch ein ander/ die hauptglider
ein anders sulphur, das marck ein an-
ders/ vnnd also fort / vnnd aber es ist
sulphur uolatile, Die gebein/ wie jhr
dann auch mancherley seind / seind
auch sulphura/ aber von sulphur fixo
in der zerlegung durch die scientiam,
so erfindet sich ein jeglicher sulphur

Saltz
machet
das cor
pus
greiff-
lich.

wie derselbig ist. Nun ist aber die con-
gelation des corpus auß dem Saltz/
das ist/ one das saltz wer nichts greiff-
lichs da / dann auß dem Saltz kompt
dem Diamant sein hert/ dem Eisen
sein hert/ dem Bley sein weiche/ dem
Alabaster sein weiche/ vnd dergleiche
alle

alle congelation coagulirt ist auß dem
saltz / Darumb so ist ein ander sal inn
beinen / ein anders im blůt / ein anders
im fleisch / ein anders im hirn / vnd der=
gleichen / dañ so mancherley sulphur /
so mancherley auch salia. Also ist nun
der dritt der Mercurius, derselbig ist
der liquor, alle corpora haben jhr li=
quores / darinn sie stehen / Also dz das
blůt eiñ liquorem hat / das fleisch / dz
gebein / das marck / darumb hat es den
Mercurium, also ist es ein Mercuri=
us / der hat so vilerley gestalt vnnd vn=
derscheidung / so vilerley der sulphur
seind vnnd der salia, Also nun wie der
mensch můß eiñ leib haben / můß ein
corpus, das ist ein congelation habē /
můß eiñ liquorem haben / vnnd die
drey seind der mensch / das ist nur ein
corpus, darumb so wisset daß ein leib
ist / aber drey ding / Also / so sie nun zu=
samen kommen / vnd ein corpus sind /
vnnd doch drey / darumb der sulphur
verbrint / er ist nur ein sulphur / Dz saltz
gehet in ein alcali / dann es ist fix / der
Mercurius in eiñ rauch / dann er ver=
brindt

Ein leib
ist / aber
drey
ding.

brint nit/aber er weicht vom feur/da=
rüb so wisset/dz also in den dreien auff
erstehen alle zerbrechung/als in einem
baum/dem der liquor entgeht/ö dor=
ret auß/Wirt im sein sulphur genom-
men so ist kein samen da/Wirt im sein
saltz genomen / so ist kein congelation
da / sond er zerfelt võ einand / wie ein
faß one reiff. Nun so also das corpus
wechßt/so geht es in ein wesen/dz ist/
in ein arth / als ein birnbaum / das ist/
ö birnbaum gibt nur einerley birn / vñ
also nit allein võ birnbaum/sond auch
võ allen andern bäumē/Nülaß dir ein
wissen sein / daß so vilerley der frücht
sein / so vilerley der species im micro=
cosmo darauff nun volgt/der ein birn
keñt/der keñt seiñ baum/vnd sein drey
substantz / die sind birisch / Also soll
auch verstanden werdē mit den kranck
heiten/da soll nit anderst fürgenomen
sein deñ also / So du die kranckheit si-
hest/vñ sprechest/das ist ein birn/das
ist ein apffel/das ist so erkant/soltu inn
den dreien substantzen / wie sie da ste=
hen inn der kranckheit/welcherley bi=
ren

ren diſer baum ſey/ darumb ſo die drey
ding einerley geben/ vnd nicht dreyer-
ley/ vnd haben in jhr ultima materia,
dreierley ſubſtantz / ſo ſollen auch die
kranckheiten erkennt werden/ daß ſie
ein ſulphuriſchen Corpus haben/ ein
mercuriſchen liquorem, vnd jhr con-
gelation vom ſaltz/ Welche drey auß
den andern dieien wachſen/ darüb die
Artznei/ ſo darauff dienet/ müß ſein ein
feur/ das da verzer/ das iſt ignis eſ-
ſentia, vnd on das feur iſt kein artznei/
Dann zugleicher weiß wie das fewr
den ſulphur hinnimpt vom baum/ al-
ſo/ dz wed ſulphur noch holtz da blei-
bet/ alſo müß auch die artzney ſein ein
verzerung / vnnd nit allein im ſulphur/
ſond auch in liquore & ſale, dann in
kranckheiten ſind ſie uolatilia, vñ ſo ſie
fix entgegneten/ noch ſo ſeind ſie doch
der artznei mechtig vnderworffen uo-
latilia zu werdē. Alſo nun von d natur
zu reden deren dingē/ das iſt der kräck
heiten geht ein einiger nam/ wie dem
obs/ daß mann ſpricht: Das iſt ein
birn/ jetzt iſt es alles begriffen/ Das iſt
ein

Notabile

ein apffel / jetzt ists auch alles begriff-
fen / Also mit den kranckheiten auch /
so du ein aussatz findest / so sag / das ist
lepra / vnnd laß darbey bleiben / dann
da ist nicht zu achten sein kelte / sein
hitz / trückne / feuchte / dann auß den
dingen wechßt nichts in corporibus /
in substantijs / das zu betrachten sey /
dann die Artzney geht in der lepra als
ein regeneration / welches alles be-
schicht ohne betrachtung / Zu gleicher
weiß wie du nicht solt ansehen die far
ben am Baum / die form vnd dergleich-
chen so du es einpflantzen wilt / sond
sihe allein den samen an / die andere
ding werden sich selbst geben / dañ sie
seind ultimæ materiæ substantiæ / dz
ist ires lebens / darumb ligt nichts an
inen. Also nicht ictericia / neñ sie nach
irem namen / vnd vrtheil sie nicht / ob
sie kalt oder feucht sey / Sonder sein
Cur geht wie ein axt die ein baum ab-
hawet / oder wie ein feur das alle uola-
tilia verzert / vnd wie das feur ein Ex-
empel gibt / das alle ding verzert / also
soll auch die Artzney sein / nicht achtē
wo

wo kalts / wo warms / sonder hinweg
nemen / das ist der arcanum arth vnd
eigenschafft. Zu gleicherweiß wie ein
ding ist / das das leben nimpt / also ist
auch ein ding vnd vrsach das die kranck
heit nimpt / dann brichst die biren ab
vom baum / nun ist der baum ledig /
mit solchen rationibus / causis müstu
abbrechen die kranckheiten / vñ nicht
in der substantz vnd corpus der biren
ligen / sonder im stil darauff sie stehet /
Jetzt merck was die Artzney sey / vnd
in was erkantnuß sie stehe. Nun mer-
cke das Exempel / Du sihest daß der
Winter vnd der Sommer abwechß-
len mit einander / vnnd wie eins dem
andern nachgehet / jetzt kalt / jetzt
warm / solches versihe dich auch imm
leib / daß es aber ein kranckheit sey / das
ist es nicht / sie vertreiben einander
selbst dann der mensch ist dem Som
mer vnderworffen / auch dem Win-
ter / vnnd so er im Winter eingesperrt
wirt in ein circulfeur / vnnd entpfindt
des Winters nicht / noch so verbringt
der Winter seine würckung inn jhme /

J

was er mit jme zuhandlen hat / vñ ein
jeglicher Monat / da hilfft kein ver-
sperren nicht / also auch der Sommer
findt jn/ Warumb wil aber der Artzet
dz nit erkennen: vñ solche cursus cœle-
stes dermassen für sich neme / als hab
die natur geirret / vnnd wil sie vertrei-
ben das nun zum argen geht/ vnd nit
zum gůten/ die ding sind auch kranck-
heiten / wie daß der Winter dem men
schen widerwertig ist/vnd des Som-
mers hitz / aber es seind fürwar nicht
kranckheiten / also lauffen auch stern
für, die kalt vnd warm machen mit jrē
interpolatis diebus, als in t bribus,

Merck. vnd dergleichen/ Was ist dasselbig a-
ber/als allein ein vrsach vom Himmel
die solchs bewegt / vnd der Artzt hats
dem microcosmo zůgelegt auß seiner
natur/vnd den Himel nicht betracht/
darumb sie verschossen haben / So ist
das auch war/das sich vil begibt/daß
der mensch in ein hitz felt / sie ist nicht
auß jme/ sie ist als die Sonn/ dieweil
sie regiert/ dieweil ist sie heiß/ vnnd ist
aber dem / der sie leidet / nit eingebo-
ren/

ren/ſonder ein accidens, der die Son-
ne wendet/der wendet auch dēſchat-
ten/darauff gehört/ ſo ein ſolche him-
liſche hitz angehet im verſtand / dz die
borealiſche lüfft verſtopffet ſeind/ die
ſollen auffgethan werden/ſo wirt das
temperament wider/ wie es ſein ſoll.
Darumb von der hitz des menſchen/
wiſſet von wannen ſie kom/in jm ſind
alle cœleſtia, terreſtria, undoſa, vnd
aērea/Nun ſo die ding alle in gleicher
wag vereiniget ſeind / ſo iſt es im leib
weder kalt noch warm/ Nun aber ſo
müß ein hitz daſein / mehr dann diſe
iſt / die nimpt ſich auß dem Magen/
derſelbig wermet den leib/Vom Ma-
gen wiſſe daß ein mächtige hitz iſt/die
ſo trefflich ſeudt vnnd kochet/ fürwar
dem euſſern feur nicht weit vngleich/
Nun iſt er aber nicht allein derſelbig/
ſonder ein jeglich glid hat ſolchen ma-
gen auch inn jhme ſelbſt/ Darumb ſo   Ignis di-
iſt in einem jeglichen glid das fewr/   geſtionis
Vnnd iſt Ignis digeſtionis / auß   in ſin-
dem kompt dem leib die tägliche hitz/   gulis
vnd nicht auß den Elementen/ ſo iſt   membri

J ij

leib seind/oder dergleichen/das ist die
fürgehende hitz die digestion gibt/vñ
je mehr digestio zu arbeiten hat / je
mehr die hitz auffsteiget/vnd je weni-
ger je kelter der mensch/die hitz gibt
vrsachen der farben/das ist/sie treibts
herfür die darinn ligt / vnnd bewegt
den Microcosmum daß er blühet /
Wer wil aber nach diser blühe sagen/
das ist sanguineus, dieweil sie ignis
digestionis herfür treibt/also werden
andere colores auch herfür triebē von
teglicher hitz / die da in der jugent an-
derst sein / im mittel alter anderst / im
alter auch anderst/Aber es seind com-
plexiones, das darauff gesagt möcht
werden/die jugent ist sanguinea, das
mittel alter cholerica, phlegmatica,
melācholica&c.Die aber solchs redē/
vergessen caloris digestionis vnd der
materien der dreiē substanzen in jrem
fürtreffen/Dann ein jeglicher Baum
hat seine sondere flores, also auch der
mensch / vnnd dise flores heissen sie
complex / das ein jrender canon ist/
Darumb so wisset in den dingen / daß
auch

auch also in der natur iſt/in den wach=
ſenden dingen in der welt/darūb nicht
gradus ſeind/ſonder ſpecies / Es ſoll
ſich ſpeciren/nicht gradiren/dann alle
ding ſo euſſerlich ſeind / behalten den
gradum nicht/ den Platearius geſchri
ben hat / vnd andere Herbarÿ So es
nun in den magen kompt/ was du nit
bereitet haſt / das bereitet der magen
zů (ſo ers vermag) vnnd bricht alle ſol=
che kelte/werme vnd dergleichen/vnd
ſuchet das arcanum herfür/dann die
ſterben im Magen alle ab/ vnnd was
abſtirbt/das ſoll der Artzet nit für ſich
nemen / vnd ſo der Mag daſſelbig nit
bricht/ſo iſt es ein zeichen ſeiner ſchwe
che vnd kranckheit / Jetzt iſt die Artz=
ney nicht am beſten / dann es mag nit
faulen im magen/ſo mūß ſie aber fau=
len / Daß aber etliche Artzney inn der
peſtilentz mit hitz eingeben werden /
als gewürtz vnd dergleichen/vnnd ſie
faulen nicht / ſo wirckens nichts / ſie
mūſſen faulen / darumb die nit gene=
ſen auß der Artzney /deren magen hat
nicht geſeult / auff das dann volgt / je

J　iij

Je schneller die feulung/ je schneller die gesundheit.

schneller in die feulung/ je schneller die gesundtheit / die ding so die feulung hindern/hindern die gesundheit/ es ist ein böser schweiß der außgetribē wirt inn der zeit durch ungefaulte Artzney/ er geht nit zum leben / Darauff zuwissen ist / daß solche ding/so nach complexion und gradibus fürgenommen werden/ im leib nichts zu schaffen haben / dann imm leib seind weder kalt noch warme kranckheiten inn der wurtzen / wider wen solt dann kalt oder warm Artzney fechten ? es můß die birn am stil abgebrochen werden und vom baum gefellt.

CAPVT II.

Warumb so sind die arcanen nit alte ding / sonder newe ding/ nit alte geburt / sonder newe geburt/ Die alten geburt sind die wesen und form wie sie in der welt stehn/ und zu gleicher weiß wie uns die form solcher dinge nicht nutzen / sonder sie müssen zerbrochen/ und ein newe darauß werden / sonst ist sie nicht nutz/
also

also muß auch da sein ein verlieren al-
ler alter eigenschafft/ kelt vnd werme/
das ist / es sey dann sach / daß Sola-
trum sein kelte verlier/ so wirdt sie kein
Artzney sein/ das ist inn der summa es
sey dann sach / daß alle alte art abster-
be/ vnd in die new geburt gefürt wer-
den / sonst werden kein Artzney da
sein / Das absterben ist ein anfang der
zerlegung des bösen vom güten / also
bleibt die letzt artzney/ das ist/ die new
geborne Artzney/ ohn alle complexi-
on / vnnd dergleichen ein lötigs arca-
num. Warumb sagen die jrrigen / du
solt den gradum nit zu hoch brauchē/
das ist / was du mit dem ersten thůn
magst/ das soltu nicht thůn mit dem
dritten oder vierdten / Auß vrsachen
aber/ der magen mag sie nit feulen / er
ist jnen zu schwach/ sonst wer es nach
jrem anzeigen billich/ als ein grad/ je
mehr kelter/ je besser/ darüb je weni-
ger das dosis, Zu dem daß da ein gros-
ser jrrsal ist/ daß mann sagen soll/ es ist
das höher inn der kelte/ dann das / so
doch nun ein grad der kelte ist/

Dosis da tur iuxta quanti- tatem & æquali- tatem morbi.

J üij

bůlicher sprechen sie / das kraut hat
nur ein lot kelte / das aber hat vier lot
kelt / so jeglichs ein gleich gewicht ge=
nommen wůrd / darauff dann volgen
wirt / Nim der kelte wie du sie findest /
ein quintlin / gibs in der hitz / so sie aber
můssen sondere kreuter habē / nit por=
tulaca / sonder nenuphar / nicht camo=
milla / sonder piper / das beweiset daß
sie nicht hitz oder kelte suchen / sonder
sie suchen die arcana / vermeinen aber
der gradus sey es / So sie wůsten das
nun ein kelte / ein hitz / ein feuchte / ein
trückne were / sie stůnden ab auß dem
fürnemē / So aber sich befindē möch=
te / daß zweyerley / dreierley kalt wesen
weren / heiß wesen weren / naß wesen /
trucken wesen / so můste ich nachgebē /
Das alles ist so wol geredt / daß ein
grosser irrsal hierinn de gradibus ge=
halten ist worden / vnd die complexi=
Vier hu
mores ist ones rerum nit recht verstanden / daß
allein alles ein ding sey in den vieren / haben
liquor vier humores gesetzt / so es doch nur
mercurij allein liquor Mercurij ist / das nit al=
lein vier wesen seind / sonder 400. art /
eigen=

eigenschafft/eröffnung vnnd derglei. Jede
chen/ vnnd er aber ist nit allein die vr-
sach/sonder die andern zwen mit jme/
dann ein jegliche kranckheit selb dritt
in jr compositon / welchs aber die an-
dern zwen vrsachet / das steht in seinē
sondern capiteln/Dann also entsprin-
gen die kranckheiten / wie Lucifer im
Himmel auß jhrer eigen hoffart / die
dañ alle bella intestina macht/ so sich
der mercurius erhebt seines liquoris/
der dann groß ist vnd wunderbarlich/
dann Gott hat jhne vber alle wunder
außgeschaffen/ so er nun auffsteigt vn̄
bleibet nicht inn seiner staffeln/ das ist
jetzt ein anfang der discordantz / Also
auch mit dem sulphur vnd sale. dann
so das sal sich erhöcht vnd besondert
sich / was ist es als ein fressend ding?
Wo sein hoffart ligt / da nagt sie vnd
frißt/ auß disem fressen vnd nagen / da
entspungen die Vlcera/Cancer/Gan-
crena &c. So das sal blieb inn seiner
staffel/ der mensch würde nimmermer
geöffnet an seinem leib. So der sul-
phur geht in sein hoffart/so zerschmiel

kranck-
heit ist
selb
dritt in
ihrer
compo-
sition.

Nota ex-
altatio
salis
quæ mo-
neat.

J v

Sulphur zer erden leib / wie den schnee an der
schmel-Sonnen / vnd der Mercurius wirt so
zer den hoch an seiner subtilitet / dz er zu hoch
leib. steigt/vñ dardurch den jehen tod ma-
chet / auß zu vil subtile die vber seiñ
staffeln ist. Dañ also ist es geordnet in
d vernunfft / dz sie sollē in jren staffeln
bleiben on hoffart/ also auch one hof-
fart die natur in jrem ampt/ Aber so vi
lerley sind der köpff vñ sinnen/ daß sie
Alles mit gewalt brechen die staffeln. Nun
fleisch es soll aber nichts ewigs bleiben in dē
müß Creaturen des fleisches/darumb müs-
sterben. sen sie also zertrennet werden / durch
jr vilfaltig gaben / tugenden vñ kräff-
ten so sie haben / Also wie ein Reich
das sich selbst zerbricht / so zerbricht
sich auch dise gesundheit / darinn zu-
wissen ist / daß je ein ding also gut ist
als das ander / der Carfunckel nichts
besser dann der Dufft stein/Die Tann
nichts ärger gegen dem Cypressen /
das beweißt das liecht der natur/ Der
Gold vber Silber gefürt hat / der
hats auß dem geitz gethan/dann dem
Silber ist gleich so hoch sein donum
geben

geben/ als dem Gold / darumb nicht
auß der weißheit der natur das be-
schaffen ist/sonder auß zeitlichem ver-
stand. Also so nun der tod sicht die zer
trennung des Reichs/so falt er ein/zu-
gleicherweiß als ein Reich das zerge-
hen wil / das kompt inn ein frembde
hand / also so die drey substantzen sich
scheiden inn der einigkeit / so sitzet der
todt wie ein nachbaur da/ vnd felt ein
so lang mit seiner geschickligkeit ein
stund inn die ander/ von einem tag zu
dem andern / biß er je ein theil nach
dem andern nach vberwindet/ vnnd
je ein Substantz der anderen nach
vberherschet / vnnd am letzten sich
gar eintreibet / als dann ist niemands
der jn vertreibt/So aber solches nicht
ist / sonder er sitzt etlichs theils da / da *Artzney*
ist die artzney ein beistand der natur/ *ist ein*
durch die sich die natur wider erholet/ *beistãd*
Also was das saltz gefressen hat / das *der na-*
heilt die Consolida wider/ vnnd was *tur.*
der sulphur sich in die dissolution er- *Consoli-*
geben hat/ das restaurirt ð gschmeltz *da.*
crocus wider/ vñ was der mercurius *Crocus.*

zu hoch

Aurum.

zu hoch gesubtilet hat / das ingrossirt das Aurum / also wirdt der natur geholffen. Aber zu gleicherweiß wie ein reich das erobert ist worden / das geschicht mit schaden den sie empfahe / also auch das fleisch / so das sal hinweg gefressen hat / dasselbig wirdt arm / mag nicht seins schadens wider ergetzt werden / wie es dann verloren hat / vnd also mit den anderen / Darū b

Corpora trium sollen auffgehalten werden

dester mehr fleiß zuhaben ist / daß solche corpora inn täglicher auffenthaltung bleiben / leichtlich werden sie gar verderbt oder leichtlich schadt im der rauhe lufft / dann also hat vns damit begabet Gott / daß wir die Artzney gehabt haben vom anfang biß jetzt / vnd biß inn das end der welt / mit solchem gewalt / krafft vnnd macht als er geben hat den Aposteln gesund zumachen die krancken / welches gesund machen auß krafft des gebots gehet / darumb so ist dem Artzt das gebotten wie den Aposteln gebotten ward / so er nun vnder dem gebot lebt / vnd darūen verbunden ist / so müß er je dem gebott

gebott nach gehen/vnnd den rechten
grund lernen vnnd erkennen / aber es
gibt vil Ehebrecher / das ist/ vil trettē
auß dem gebott / haltens ring vnnd
leicht/Aber wem vergleich ichs :'dem
spruch Christi / Natio praua & adul-
tera,daß sie wöllen zeichen sehen/vnd
aber selbst nichts thůn / darumb wirt
jhnen kein zeichen gegeben / dann das
zeichen Jone der im visch lag / also su-
chens/ sollen sie es auch inn der erden
suchen / wie die Juden die auffersteh-
hung im Walfisch / Also manigfaltig
ist die kunst / vnnd so gewiß die drey
substantzen/ der Sulphur / Mercuri-
us/vnd Sal / daß sie sich beweisen inn
die vier generation/das ist/ daß sie inn
die art der vier mütter vnd elementen
gebracht werden das ist/auß den vier
Elementen wachsen alle ding / Auß
der erden das kraut vnnd holtz/vnnd
dasselbig ding/Auß dē wasser die me-
tall vnd stein vnd jhr mineralia/Auß
dem lufft der taw / der Tereniabin/
Auß dem feur der donnerstral/schnee
vnnd regen / das befilch ich nun der
Metheorica/

Wöllen zeichen sehen/ vñ selbs nichts thůn.

Wz die 4. Element gebären.

Metheorica, so auß dem liecht der natur gemacht ist. Also nun weiter der microcosmus, so er in sein zertheilung gefürt vnnd gebracht wirdt, so wirdt auß jhme die terra, die so wunderbarlich ist / daß sie gebürt die frucht der erden / in schneller zeit was hinein gesäet wirdt / das ist die bereitung vonn der der Artzt wissen sol / also auch wirt auß disem corpus das ander Element aquæ, dieweil aqua ein mütter ist der mineralium, darumb so conficirt der Spagyrus auß jr den Rubinen / Also gibt die bereitung das dritt Element ignis, darauß grandines gezogen werden / vnnd das Element aërem, das ist / inn verschloßnem glaß felt es jhme selbst ein taw von seinem auffsteigendē geist / von disen generationibus haben vil angefangen / aber verzaget / es wil je nichts sollen / daß ein saw im Rübenacker sey / so ist nun also auch ein ander transmutatz nach diser, die da alle genera sulphurea gibt / vnd mercurialia vñ salia, wie sich dañ der microcosmischen welt gebürt zuerzei

erzeigen/darin vil gelegen sind im mé-
schen zu suchen sein gesundtheit / sein
aqua uitæ, sein lapidem philosopho-
rum, sein arcanū, sein balsamum, sein
aurū potabile, vn dergleichen / vñ ist
recht/daß die ding sind alle darin/sind
auch in der eussern welt/vnd wie wirs
in d eussern welt habē/ also vergleichē
sie sich der innern / vnd da wisse nicht
anderst als allein/ daß zu gleicherweiß
kein ding ist so schwartz / es hat ein
weisse in jhme / nichts so weiß/ es hat
ein schwertze in jhm / vnd also andere
farben / darumb wie dieselbigen far-
ben herfür bracht werden / also wer-
den auch herfür bracht die bemelten/
Das Saltz ist weiß / aber alle farben
inn jhm/ Der sulphur brint/ darumb
alle oleideten inn jhm / Der Mercu-
rius ist ein liquor, darumb so hat er
alle humores in jm / vnd also von an-
deren / das ich dann weiter der Phi-
losophia beuilch.

Also ist der mensch sein Artzt selbs/
dann so er der natur hilfft / so gibt sie
jhme sein notturfft/vnd gibt jhm also
seiñ

feiñ grundt nach innhalt der gantzen
anatomei / dann so wir am gründlich=
sten allen dingen nachgedencken vñ
trachten/so ist vnser eigen natur vnser
Artzet selbst/das ist/ sie ist die/ so in jhr
hat das sie bedarff / sehet von aussen
an mit den wunden / was gebrest der
wunden / nichts als allein das fleisch/
das muͦß von innen herauß wachsen/
vnd nicht von aussen herein / darumb
so ist die Artzney der wunden allein ein
defensif / daß die natur von aussen an
kein zuͦfall hab/vnd vngehindert blei=
be inn jhrer würckung / also heilen sie
sich selbst / vnd erbawet vnnd ordnet
sich selbs/als dann die Chirurgei auß=
weißt / vnd lernet der erfarnen Artzet/
dann Mummia ist der Mensch selbs/
Mummia ist der Balsam der die wun
den heilet / der Mastix / die Gummi/
die Glet / ꝛc vermögen nit ein tropf=
fen fleisch zu geben / aber zu defendi=
ren die natur / daß jhr fürnemen wie
obstehet/gefürdert werde. Nun also
ist auch im Leib mit seinen kranckhei=
ten / so sie allein defendirt wirdt/ so ist
sie

sie die / die jhr selbs alle kranckheiten
heilet/dann sie weißt wie sie die heilen
soll/der Artzt mag es nicht wissen/da=
rumb so ist er allein einer / der der na=
tur beschirm gibt/Also sind in der na=
tur so vil operationes, als herauß inn
der scientia / Sie hats in jhr angebo=
ren/ wir habens auß der lehr / so vil
seind wir herauß/daß wir das vermö=
gen das sie vermag / das ist / Zwifach
ist die Artzney in jrer potentia zuuer=
stehen / inn der Artzney der grossen
welt/vnnd in den Menschen/Der ein
weg ist in der defensif/Der ander ist in
der curatif/ Defendiren wir die natur/
so müß sie selbst scientiam gebrau=
chen / dann one scientiam genesen sie
nit/brauchen wir aber vber das defen=
diren die scientiam, so sollen wir die
heilen / dann vorhin hab ich geredt/
auff die gemeinen der Artzneyischen
breuch also herkommen bei den jnigē/
darumb so seind zweierley Artzet die jr
scientiam der natur beuelhen/vnd ge=
brauchen allein defensiua, (vnd wie=
wol sie aber sich selbs nit verstehen)

K

Zwi=
fach ist
die me=
dicina
in ihrer
potentia

Exem-
plum.
Zwen
weg zu
heilen
die wun-
den.

Demnach so seind die Curatores/das sind die/ so der natur scientias selbst gebrauchen/Als einer het ein wundē/ nun sind zwen weg der heilung da defensif vnd curatif/defensif wie obstehet.curatif ist aber also/ daß die wunden zu einem magen werden/ das ist/ dz mañ artzney darein thue/ die fleisch werde/ vnd so dieselbige Artzney in die wunden gethan wirdt/ so ist die natur von innen herauß da / vnd regieret sie in der wunden / vnd macht sie zu fleische / also daß der Mage die wunden selbst ist/ dann ohn den Magen mag solchs nicht geschehen / das wirt aber inn der Chirurgey erklärt.Also sollet jr auch von allen anderen kranckheiten verstehen / wie die scientia im Artzet sey/ vnd eine in der natur microcosmi,

Vereti-
nigung
der na-
tur vnd
Micro-
cosmi.

Nun ist in solchen dingen zuuerstehn/ daß der mensch/ vnnd die eussern ein vergleichung gegen einander haben/ in dem daß sie einander añemen / das ist der mensch soll das wissen/ so bald er die natur erkennt/ was einander annimpt/ so hat er dann bericht der anatomey/

romey / Dieweil nun der mensch auß
dem limbo gemacht ist / vnd der lim=
bus ist die gantze welt / so ist hierauß
zu wissen / daß ein jeglichs ding seins
gleichen annimpt / dann wo d mensch
mit dermassen gemacht were auß dem
gantzen kreiß / auß allen stücken / so
möcht er nicht sein die kleine Welt /
so möcht er auch nicht fehig sein an=
zunemmen was inn der grossen Welt
were / Dieweil er aber auß jhr ist / alles
das das er auß jhr isset / dasselbige ist
er selbest / dann auß jhr ist er / dar=
umb so wirdt ers / vnnd es wirdt jhn /
Dann der Mensch ist nicht auß nich=
ten gemachet / er ist auß der gros=
sen Welt gemacht / darumb stehet
er inn derselbigen / Also auff das vol=
get / auß dem er gemacht ist / auß
dem muß er leben / Darumb so der an=
hang da ist / wie vonn einem Sohn
auß seinem Vatter / So ist nun ge=
bürlich / daß niemandts dem Sohn
billicher hilff / als der Vatter / demsel=
bigen gebüret vnnd zimmet es /
auff solches / so ist das eusser glid

Waabe
riare d
anato=
mei geb
Limbus
ist die
gantze
welt.

Der
mensch
ist auß
micro=
cofmo
gmacht

K ij

des innern glids Artzney / vnnd je ein
glid nimpt das ander / das die grosse
Welt hat / alle menschliche propor=
tiones, diuisiones, partes, membra,
wie der Mensch / darumb so jsset die=
selben der Mensch inn der speiß oder
Artzney / vnd sie scheiden sich inn dem
allein von einander / des mittel Cor=
pus halben / der Figur vnd form / aber
inn der scientia ists ein form / ein figur
vnd ein mittel corpus betreffend den
physicum corpus, Also nimpt der leib
des menschen / den leib der welt ane /
wie ein Sohn das blůt vom Vatter /
dann es ist ein blůt vnd ein leib geschi=
den mit der seele allein / in der scientia
aber vngeschieden.

Darauff so volget nun / daß Himel
vnd erden / lufft vnnd wasser derglei=
chen inn der scientia, also nimpt der
Saturnus microcosmi an Saturnum
coelestem, also nimpt Iouem coeli an
Iupiter Microcosmi den andern Hi=
mel / vnd ein coniunction die nicht ge=
schieden sind / Also nimpt melissa ter=
ræ melissam microcosmi ane / vnnd
cheiri

cheirl microcoſmi den cheiri terræ,
Alſo nimpt der cachimia aquæ den
cachimiam microcoſmiane / vnd der
Talck microcoſmi den Talck aquæ
an / Vnd alſo der Ros aëris den Ros
microcoſmi, vnnd der Tereniabin des
menſchen / den Tereniabin des lufftes
ane / alſo in ſolcher vereinigung ſeind
ſie alle / Alſo iſt der Himmel vnnd Er=
den / vnnd Lufft vnnd Waſſer nur ein
ding / nit vier / nit zwey / nit drey / ſon=
der ein ding / wo ſie nit zuſamen ge=
nommen werden / ſo iſt es zertheilt vn̄
geſtückelt / darauff dann zu wiſſen iſt /
ſo wir inn der Artzney das wöllen zu
nutz bringen / ſo müſſen wir wiſſen
hierinn / ſo wir wöllen medicamina
adminiſtriren / daß wir da adminiſtri=
ren die gantze welt / das iſt / alle uirtu=
tes der Himmel vnd erden / des luffts
vnd des waſſers / Auß vrſachen / ſo ein
kranckheit im leib iſt / ſo müſſen alle ge
ſunde glider wider ſie fechten / nicht
eins allein / ſonder alle da ein kranck=
heit iſt jr aller todt / das merck die na=
tur / darumb ſo felt ſie wider die kräck=

Quare
admini=
ſtretur
lapis.

K iij

Artzney
soll in
jr habē
oz gātz
Firma-
ment.

heit mit aller jhrer macht / so sie ver-
mag / also wirt auch die Artzney müf-
sen sein / daß sie in jr hab das gantz fir-
mament/ der obern vnd vndern sphe-
ren/ darumb bedenck mit was gewalt
die Natur sich wider den todt spreis-
set/ daß sie zu hilff nimpt Himmel vn
Erden / vnd alle jhre krasse vnnd tu-

Seine
gleich-
nuß.

gendt / Zu gleicherweiß wie jhr sehet
daß die Seel wider den Teuffel fech-
ten müß/mit allen jren krefften/ vnnd
zu hilff nemen Gott vonn gantzem
hertzen / gemüt vnd allen krefften / vn
inn disem dem Teuffel widerstehen/
Also ist auch die natur mit solchen sor
gen beladen / daß sie alles das nimpt/
das jhr Gott geben hat / den todt zu-
uertreiben / also größlich scheuhet sie
sich ab dem grausamen todt / vnd ab
dem bittern todt/ der jhr erschröcklich
für augen stehet/ den vnsere augen nit
sehen/noch vnsere hånd greiffen/ aber
sie sicht jn / vnd greifft jn / vnd kennt
jn / darumb so nimpt sie alle himlische
krafft vnnd jrdische an sich / dem er-
schröcklichen zuwiderstehen/dann er-
schröck-

ſchröcklich iſt er/ grewlich vnd ſtreng/
ſo in der entſetzt hat/ der jne gemacht
hat/ Chriſtus am ölberg/ daß es jhm
blůtigen ſchweiß auſstrieben hat/ der
ſein Vatter bat jn den hinweg zune= Die
men billich iſt es daß die naturen da= Arzney
rinnen ein entſetzen haben/ dann je ſucht ſ
gröſſer die erkandtnuß des todes/ je weiß
gröſſer die wartung/ behůtung vnnd Man.
zůflucht der Arzney/ die dann
der weiß Man
ſuche.

CAPVT III.

Lſo iſt das gröſt compoſitum.
dz iſt/ die rechte arznei geht wie
obſtehet/ auß hümel vnd erden/
vnd auß allen Elementen vnd jhren
krefften/ das iſt das compoſitum dar-
innen der arzt lernen ſoll/ das iſt das
recipe, das ſind die ſimplicia, Nit in
der zal der ſtücken der ſimplicia, ſond
in der compoſition/ dz zuſamen kom-
met der ganz euſſerlich menſch/ ſo ð
bey einander iſt/ ſo ſeind bey einander
K　üij

alle remedia medica vnnd arcana, da
ligen alle kräfft/Dise krefft mögen wi-
derstehen den kranckheiten/so da sind
im menschen/ so nicht da seind / deren
arcana wir wenden gegen den ande-
ren/ oder stehen stil / zugleich mercke
das Exempel/Ein holtz das da ligt in
der hand des Bildschnitzers / der ma-
chet auß einerley holtz vil hunderter-
ley form/ bildnussen vnd dergleichen/
Also laß dir sein/das corpus des men-
schen gibt vil hunderterlei kräckheitē/
vñ ist doch der einig corpus/auß dem
selbigen werden sie alle geschnitzelt/
Wie nun das bild vom holtz eins wie
das ander im feur verbrennt wirt/vnd
vonn einem feur verzert / Also wisset
auch ein gleiche Artzney imm grossen
composito, die als ein feur würckt vñ
verzeret das vnrein vom reinen / also
sollen die grosse composita erkent wer
den / Dieweil aber parteische Artzney
fürgenommen werden/vnnd wiewol
inn rechter ordnung / jedoch aber ein
sorglicher trost mitlaufft / also auch in
disem grossen composito, steurt die
gantz

gantz welt/ der Himmel vnnd Erden
krefften/vnd des microcosmi gantzer
mensch/das ist/wie die welt darinnen
stehet vnd einpfropffet ist/ also auch
stehet der mensch mit allen seinen gli-
dern darinnen/ glidmaß/ natur/ eigē-
schafft / wesen / gesund vnnd böses/
krancks vñ guts/also so er sie einnimpt/
so nimpt er sein limbum, auß dem er *Lapis*
geboren ist/ vnd nimpt ein sich selbst *limbus*
vnd vereiniget den mittel corpus/mit *hominis.*
dem darauß er ist/ in dem so jhme ge-
brist/ vnnd diß compositum stehet in
einer der andern Artzneien / wie die
Sonn vber alles gestirn / Was ist die
Sonn anderst dann wie der Mon?
Was der tag anderst als die nacht ?
allein daß sie gescheiden seind / die
Sonn zu jrem liecht / der Mon zu sei-
nem liecht / also seind Himmel vnnd
Erden gescheiden /alle blümen / alle
wurtzen / alle gestein vnnd perlen/ ꝛc.
Also müß auch der Artzer wissen / daß
er desgleichen scheiden müß die Artz-
ney/ als ob er schiede von einander die
finsternuß vnd das liecht / den tag vñ

K v

die nacht/dann der Artzet sol sein artz-
ney nicht anderst erkennen / dann wie
Moyses sagt im bůch Genesis / wie
Gott der Vatter einander nach ge-
schieden hab/heut das/morgen das/
vbermorgen das / also mussen wir
auch wissen / daß wir gleich ein sollich
ding vor vnseren hånden haben / als
Gott/vnnd daß wir die scientiam ha-
ben / zugleicherweiß durch dieselbig
auch scheiden vñ bereiten dz schwartz
von dem weissen/ das heiter von dem
finstern/ das ist/ die artzney vonn dem
kot / darinn sie ligt / dann also hat jhn
Gott beschaffen. Was ist aber zusa-
gen von der würckung daß sie auch
erklärt wirdt / Nemlich nicht anderst
wil Gott daß wir sie verstehen / dann
wie ein axt ein Baum abhawet / also
wil er auch daß seine werck in der artz-
ney verstanden werden/ vnnd daß sie
mit solcher macht vnnd krafft gehen
vnnd arbeiten / wie er auff erden ge-
sund gemacht hat / ehe die stim auß-
gieng gar auß seinem mund / da wa-
ren alle krancken gesund / wiewol es
hierinn

Wie
Gott
den ar-
tzet be-
schaffen

hierinn vil zu verſtehen het / nemlich
die groſſe vnwiſſenheit der Artzt nem
lich auch die nicht gar volkommen-
heit der artzten / vnd die doch mit dem
breſtē etwas beweiſen / nemlich auch
die ſchuld der krancken / vnd vil vrſa-
chen ſo heimlich bey Gott ſind / vnnd
nicht zu entdecken noch wiſſend / die-
weil nun der Artzney würcken alſo iſt
ein ſolche mechtige macht mit allen
krefften der himliſchen vnd jrdiſchen
Spheren / ſo iſt auch allen wol zuer-
meſſen / daß kein Winter den Somer
friſſet / noch kein Sommer den Win-
ter / das iſt / daß ihr nicht möget durch
das elementiſch feur das elementiſch
aquam vertreiben / dann zu gleicher
weiß wie das waſſer vom feur vnuer-
trieben bleibt / alſo bleibt auch feuch-
te / kelte / vō warmen trucknen vnuer-
trieben / zu dem / daß die Elementen
hie nicht die kranckheiten ſind / ſonder
der außſchuß / der auß dem Bawm
ſcheußt / der zeigt an die kranckheiten
da / alſo ſind die complexiones einge-
bildet / daß keine der andern weichet /

　　　　　　　　　　　　　　keine

Elemē
ſeind
nit die
kranck-
heiten.

keine die alles vertreiben möcht / wie
der Himmel nicht vertreibt die erden /
noch die Erde den Himmel / also auch
im menschen / Was vber den grad ist /
das ist nicht ein complexion / sonder
ein accidens, wie es sich aber also ord-
net / das stehet in seinen Capiteln.

Dieweil nun also die gesundheit ge-
schriben ist / vnd der mensch vnd jhre
kranckheit mit gemeiner Theorica &
Physica / darauß alle Capitel so von
den kranckheiten sonderlich geschribē
werden / gezogen / vnd gegründt auff

Vō tod
vn seinē
vberfal

diß gemein Theorica / So ist nun wei
ter zu wissen von dem todt vnnd sei-
nem einfall / was derselbigen zeit / Alle
ding haben jr zeit wie lang sie sein sol-
len / es sey zum güten oder zum bösen /
neinlich / die Heiligen haben jr zeit / in
der zeit auffhören müssen auß der er-

Das ge
setzte en
be mag
niemād
vberge
hen.

den jr leben zufüren / also haben auch
jre zeit die bösen / alle ding werden vō
Gott auff seiū termin gesetzt / vnd den
selbigen mag kein Heilig vbergehn / er
sey wie fromb / gerecht / oder wie nutz
dem volck er wölle oder möge / so die

zeit

zeit kompt / so wirt nichts angesehen /
dann auff auff vnd daruon. Diser zeit
ordnung ist der todt / der sitzet neben
vns / vnd wartet auff vnsere bella in-
testina / wo er mög einbrechen / dann
er selbs weißt nicht die stund wenn er
soll angreiffen / oder wenn er soll töd-
ten / geflissen ist er aber einzufallen mit
fleiß vnd ernst / damit er kein minuten
vbersehe / vnnd gehorsam sey seinem
Herrn Gott im Himmel / darumb so
er von jme selbst nit weißt die stunde
vnnd minuten vnsers endes / so laßt
er sich treiben vonn der Artzney hin-
weg / vnd aber tringt so genaw hinzů /
daß er sich selbst darfür acht / die zeit
ist hie / er sol anblatschen vnd angreif-
fen / so jme dann offtmals fälet / vnnd
jr geht hinzů onnd daruon. So nun
alle ding schon gůt sein / vnnd hüpsch
vnd rein / vnd geht bey vns voller hei-
ligkeit vnd aller gůten dingen / so ist es
doch nichts anderst / dann wie ein
Schatz / der von Gold vnd perlein in
einer kisten ligt / vnnd der dieb stilts
hinweg / vnd dem Haußherren bleibt
nichts

Todt
weißt
nit die
stund
wann
er soll
tödten.

nichts darinn/ Dann da wirt nieman.
des verschont vnd nichts angesehen/
weder nutz noch schad/ weder fromb.
keit noch boßheit / sonder nun auff vñ
hinweg/ vnd solt die gantze welt auff
ein stehen / so ist es nichts vor Gott/
vnd wirt nit angesehen / Also ist vnser
leben ein vnsichtbarer Schatz / den
wir schon wol verhüten/ vnnd in alle
weg bewaren/ was würde da gehin=
dert/es wirt im grösten auffsehen vnd
in der besten wacht gestolen/ Ist das
nit die beste wacht / so ein krancker da
ligt/ vnnd fleucht zu Gott/ schreiet
hilff/ laufft zum Artzet hilff/ Vnd inn
diser hilff aller vermeinend stirbt er/
vnd fart von hinnen/ Ist der nit wol
bewaret/ der ein König ist/ vnnd hat
alle seine macht bey jhme/ vnd streitet
wider seine feinde / vnnd hat sich ver=
polwercket vnd eingraben/ vnnd mit
zeug zu Ross vnd füß versehen/ vnnd
am besten so geht ein kugel in jne/ so er
meinet/ er sey am sichersten/ jetzt ist er
todt/ der ist der/ der vns das leben
nimpt in vil weg. Selig ist der/ den er

von

von diser Welt nimpt / mit dem her-
Ben Johannis Baptiste/der Prophe-
ten vnd Aposteln / darumb sollen wir
wachen / vnd ein auffsehens auff ihn
haben / dann er fordert vns auff ein
gericht/allda rechnung zu geben vmb
vnser zeit / vom meisten biß zum we-
nigsten quadranten Er ist der scherg/
der büttel / der fürbieter zum gericht
Gottes / vnd in seim fürbieten so sich
scheidet Seel vnd Leib von einander/
Was ist sein fürbieten/als allein/ geht **Des**
zum gericht für das angesicht Got= **Todes**
tes/mit bemelter stund vnd tag/nem= **namen**
lich den tag des ellends / inn dem sich **vnd**
Himmel vnnd Erden erbidmen wer= **empter.**
den vnnd erheben auff den tag / da
die hörner werden auffwecken den
fürgebotten todten vnd gestorbenen.
Er ist auch der / der vns aufferweckt/
der vns das wider gibt/ das er vns ge-
nommen hat / im selbigen leben wer- **Des**
den wir mit dem schergen für das ge= **Todes**
richt gestelt/ sein gefengknuß vnd sein **thurn**
thurn ist die erden / dann wir alle auff **ist die**
erden sterbē in sünden/ darūb so müs= **erden.**
sen

sen wir der gefengknuß zůgehn/ vnnd
darinnen behalten werden / so lang
biß das gericht angeht/ vnd wie dann
ein jeglicher gefangner Man erwartē
můß.   Nun aber in vnserm fürbieten
fahrt der Geist zum Herrn/ der leib zu
der erden / dañ die erden ist kein thurn

des Geists/ allein ein thurn des leibs/
also bleiben sie beide/ ein jeglichs inn
seiner statt/ biß sie wider zusamē kom-
men/ so werden die dann selbst wider
sein in jrem geblůt/ vnnd in jhrem we-
sen/ Was aber weiter darauß wirdt/
das stehet bey dem/ der leib vnd Seel
gemacht hat / verborgen allen men-
schen/ als dann werden keine kranck-
heiten mehr sein/ kein Medicin/ kein
Medicus/kein krancker/ vnd wirt auß
sein mit den dingen allen/ aber wie ob
stehet/ müssen wir vns die zeit erhal-
ten/ vnnd in die scientias setzen/ damit
wir inn vnserm berůff rechte re-
chenschafft geben
mögen.

Erde ist
ein
thurn
keines
geistes.

                                    C A.

CAPVT IIII.

WJewol der tod angezeigt iſt/
der alle ding beſchleuſſet/ ſo
iſt darumb noch der tractat
nicht auß/ dann es iſt vonn nöthen
weiter in den dingen vnd errichtzuge-
ben/ auff daß verſtendiger werde das
fürgenommen iſt / darauff iſt weiter
fürzuhalten ein gemeiner proceß von
den dreien ſubſtantzen/ ſo ſie inn jhre **Von**
hoffart ſteigen/ das iſt/in jr exaltation **dreien**
vber den grad darinnen ſie ſtehen ſol- **ſubſtā**
len/in was weg daſſelbig geſchehe/vñ **tñs.**
das am aller erſten vom Mercurio.
Wie nun geſagt iſt/ daß der Mercu-
rius ſey der liquor in dem menſchen/
vnd derſelbig ſey manigfaltig/ darüb
auch manigfaltige arten auß jhme ge- **Durch**
hen/ſo wiſſet in denſelbigen allein drei **wz weg**
weg der zerbrechung / Der ein weg/ **Mer-**
durch den der Mercurius auffſteigt/ **curius**
iſt diſtillation/ Der ander iſt ſublima- **den mü**
tion/Der dritt precipitation/ vñ wie- **ſchen**
wol vilerley ſpecies inn diſen wegen **ſchdi**
ſeind/ ſo ſeind ſie doch nicht noth zu- **get.**

L

erzelen / sonder die hauptstuck. Zu glei
cherweiß wie ausserhalb solcher wege
auch drey seind / also seind sie auch im
leib / das ist operatio naturæ. Nun
ist von dem ersten fürzunemen / was
dz sey / das den selbigen in die drei ord=
nung treibt / das ist / in drey weg / dar=
auß er sich sublimirt / distillirt oder pre
cipitirt / dann auß ihme selbst thut ers
nicht / er müß ein frembdes an sich ne=
men / durch das er auffsteigt / vnd sich
eussert von den anderen dreien / als ein
Exempel / Lucifer hat inn seiner arth
nicht die hoffart / er nam sie aber an
sich / darumb so stig er vber andere / al=
so da auch / ist es ein anders / dañ die ei=
gē natur / vñ nemlich also zuuerstehē /
das den Mercurium auß seinem grad

Hitz treibt den mer curium. treibt / das ist ein hitz / vnnd durch die
hitz steigt er auff / Nun ist die hitz / die
hitze uirtutis digestiuæ / dieselbig ist
accidentalis / ist sie groß vnd vberfül=
let / so ist sie dem Mercurio zu starck /
vnd hebt jne auff / das ist / sie vberwin=
det jn / vnd treibt jhn als ein holtz von
der vbrigen Sonnen hitz angienge /
vnd

vnd brenn / also steigt der Mercurius
auff von der außwendigen zůfallen=
den frembden hitz / Nun ist das ein
hitz / die jn treibt in die drey weg / nach
der scientia jhres eigen Meisters der
Mechanica kunst / Also ist auch ein
andere hitz / die sich auß bewegung
des leibs begibt / welche nicht weni=
ger ist / aber doch seltzamer / vnd nicht
so gewiß wie die erste / dieselbig ge=
schehe in was weg sie wölle / so enzün
det sie den mercurium / vnnd bringt
jhn inn das auffsteigen / Also wisset
auch / daß vber die ding noch eine ist /
die auß dem gestirn so die einfalt / ein
anzündender Stern / Auß welchem
dann volget verkündung des jehen
todes / vnnd andere mercurialische
kranckheiten auff diß jar / auff dise
zeit / ꝛc. zu begegnen / ꝛc. Also seind der
frembden hitz dreierley / die da den
Mercurium zu auffsteigen bringen /
auß welchem auffsteigen kranckheitē
entspringen / das ist / verstossen jhrer
hoffart in den tod / Darumb so ist not /
daß der Arzt wisse vnd erkenne die hitz

Andere hitz.

Dritte hitz.

Drey=
erley
fremb=
de hitz
die Mer
curium
auffzu=
steigen
bringt.

L ij

der dåwung / die hitz der übung / vnd
die hitz der gestirn / dann also mag er
seine krancken bewaren / vnd jhne auß
denen ein gewiß regiment vnnd præ-
seruatiuum machen.

Nun aber weiter so wisset inn was
wege zündet sich der Mercurius an /
deren nun drey seind / in einem feuch-
ten trucken oder nidergeschlagen / der
feucht oder trucken sein mag / Nun
ligt er im gantzen leib / in allen glidern /

So offt | so offt ein glid / so offt ein species mer
ein glid | curij, auß dem wisset nun / daß auch
so offt | vil der theil seind im leib mit jhren of-
ein son- | ficijs / Das ist ein officium der ver-
der spe- | nunfft / das des gesichts / das des ge-
cies mer | hörs / auß dem volgt nun mancherley
curij. | art seiner franckheit / dem nimpt er die
vernunfft / dem das geåder / dem die
zungen ꝛc. Darumb so fahet die hitz
also an / sie entzündt den leib / vnd wo
sie am meisten hinsteigt vnd anfüllet /
ant selbigen ort richt es sein operatio-
nes an / das ist / da feuret es an / als we-
re dasselbig der ofen darinnen Mer-
curius ligt / Als die hitz keme auß fül-
le /

le/vnd die fülle wer so subtiler hitz/als
mit wein jest/ıc. vnd stige also auff/vñ
keme mit dem jest in das hirn / jetzt so
die hitz starck genůg ist / so steigt der
Mercurius noch weiter dann sein stat
ist/vnd letzet das er trifft/also auch im
hertzen / so es zum selbigen gieng / so
mußt das hertz ein ofen sein / sein eigē
Mercurium darauß zu treiben / wie
obstehet / wo nun derselbig Mercuri=
ushingerath/da gebürt sich die kräck
heit. Also inn starcker complexion da
täglich e fülle oð vbernatürliche vbüg
ist/oder ein solcher stern der sich gleich
halt/wie gesagt ist/da bewegt sich der
gantz leib/dz ist/alle seine glið stehn in
der hitz / dardurch kompt nun dz sich
der gantz Mercurius auff vnd ab er=
hebt/distilliert hin vnnd wider im leib
gleich wie ein Pellican/vnd so er kom=
met in seiñ höchsten gradum/also daū
so macht er sein nequitiam / das ist/
wann ers so lang treibt / vnnd so lang
gesubtilirt wirdt / es sey in distillation
inwendig im leib/oder sublimirt/oder
precipitirt/dz er kompt auff die höchst

eſſentz / ſo wirdt er verſtoſſen von ſei=
nem ſtral/ das iſt/ des leibs kranckheit
vnd gegenwertiger tod / dann vor der
zeit thůt ers nicht / er hat ein weil zu
ſteigen/zu circuliren/zu preparirn/ biß
er an das höchſt kompt/ als dann falt
er zum niderſten. Alſo ſo ein ſtern ſein
porten begreifft/ vnd im ſelbigen an=
zündt / ſo laßt er auch nicht nach / ſo
lang daß er auff ſein höchſt ſubtilitet
kompt/ ſo macht er auch ſein kranck=
heit/ alſo wirdt der Mercurius auff=
getriben durch die frembde hitz in ſein
exaltation/ welche als dann nichts iſt
als das abſtoſſen/ das iſt/ der ſamen d
kranckheit/alſo wie gemelt iſt/ ſo ſeind
dreierley weg / eins machet den jehen
tod vñ ſein ſpecies, vnd iſt diſtillatio
mercurij,Der and macht podagram,
chiragram, Arteticam / vnd iſt præ=
cipitatio mercurij. Die dritt machet
Maniam, Freneſim,vnd iſt ſublima=
tio mercurij / von denen ſtehen jhr
Capitel in ſeinen Büchern mit ſeinen
ſpeciebus,wie ſie dann eröffnet wer=
den.Alſo iſt vilfaltig die ultima mate=
ria

Geher
tod iſt
diſtil=
latio mer
curij.
Podagra
iſt præci
pitatio
mercurij
Mania
iſt ſub=
limatio
mercurij

ria der dingen/ die da vbersteigen jren
gradum, dann mancherley mercuria-
les, vnd mancherley officia, mancher-
ley partes, vnnd deren alles vilfaltige
art eigenschafft vnnd manier/welche
so sie zusamen komen / selzame kranck-
heiten mit selzamen zeichen / geberdē
vnd sitten/vnnd dergleichen machen/
Also subtil ist der mercurius durch di-
se bereitung/dz jhme niemand wider-
stehen mag von dem gewalt der inn-
wendigen natur/dann vrsach/ die an-
dern zwo substantzen mögen jhne nit
demmen/ von wegen der vberladnē hitz
die sie zu ruck treiben/ damit so wirt er
so subtil/dz er das gebein durchtringt/
das fleisch / nicht allein durch die po-
ros, sonder auch ausserhalb demselbē
durchschwitzt vnnd penetrirt/darauff
wiß daß auch pustulæ morbi gallici,
lepra vnd dergleichen entstehen/ vnd
jr primitiuam materiam vnd causam
da nemmen / vnd vil ander dergleichē
mehr/in was gestalt vnnd weg/wirdt
inn seinem Capitel angezeiget / Also
wie er inn solcher hitz auffsteiget / so

L   iiij

wisset auch hiebey daß er vilfaltig/
frost hitz/ schauren/ schütteln macht/
so sein paroxismus an wil gehen oder
ein gleichnuß dauon/ dann so ein sol-
ches scharpffes gifft vnnd subtile an-
gehet die natur/ so fellt sie in ein wider-
wertigs/ das ist/ inn ein schrecken/ der

Schre- erschrecken ist ein leiblicher zitter/ der
cken ist da kompt auß der forcht / der frost/
ein leib- hitz laufft mit / dann da ist verstopf-
licher sung vnnd vbereilen der dempff/ wie
zitter. ein vermachter hafen/ der da seudt vn
sich selbs auffhebt/ vnnd der frost ist
die materia vnnd arth einer jeglichen
forcht die macht frost/ aber so die hitz
so starck zünimpt / als dann so laßt
der frost nach / vnd laßt die hitz regie-
ren/ Also wisset des Mercurij seltzame
art / dieweil aber die kürtze sein vilfal-
tig wesen nicht mag beschreiben/
so spar ich den mehrern teil
inn die anderen mei-
ne uolumi-
na.

CA.

CAPVT V.

Jewol nů also ein teil hin ist/
vnd abgefertiget vom Mer=
curio/dermassen sol auch ab=
gefertiget werden das saltz / als ein
ander theil der dreien substantzen/ im
selbigen wisset am ersten / daß es sich
verendert/ so es inn sein hoffart gehet
in vier weg/in die Resolution/ Calci= **Saltz**
nation/ Reuerberation vnd Alkalisa= **letzet**
tion/ Nun ist des Saltz art mancher= **durch**
ley vnnd in vil weg/ darumb so hat es **vier**
vilerley species der bereitung/ vilerley **weg.**
salia die sich calciniren/ reuerberiren/
vnd also auch vilerley alcaliziren vnd
resoluiren/welche alle im menschen be
schehē/gleich wie ausserhalb demselbi
gen in seiner scientia.Nun ist am aller **Drei vr**
ersten zuwissen was das sey/von dem **sachen**
das saltz sich bricht/ vnnd geht inn die **der zer=**
vorbemelte bereitung der hohen gra= **bre=**
dus/ darinnen es dann nicht sein soll/ **chung**
so seind da drey vrsachen/Erstlich das **natür=**
vberflüssige essen / das die däwung **lichen**
bricht/ vnnd zu geil die partes macht/ **saltzes.**

L v

macht lubricam carnem, das ist / zu
vil zart fleisch / vnnd zu vil lind marck
fleisch / zu vil geiles bluts vnd derglei=
chen: vnd so bald die ding zu geil wer-
den / so mag das saltz sich nit erhalten
in seinem wesen / wie jme dann zuge=
biret / Vnnd gleich als ein acker der zu
geil ist vnd sich damit verderbet / daß
die frücht zu schnell faulen / oder so ein
acker mit regen vberschüt wirdt / vnd
die frucht darinnen zu faulen geht / o=
der in ander sein art / Also ist auch der
ander weg im selbigen also zuuerste=
hen / daß zu vil luxus das sal auch inn
sein exaltation treibet / nemlich am
mehresten / das ist / am schnellisten inn
diser gestalt / so der luxus, coitus sein
vrsprung neme auß den pruritischen/
sudorischen/cruorischen Artzneyen/ so
wirdt er hefftiger gemehret vnnd ge=
übet/ auß welcher übung der Leib ein
kalten geist empfahet / das ist / einen
Wind / derselbig treibet das Saltz
auch inn sein ander wesen / vnd nem=
lich am mehresten vber die anderen/
Dañ so sich der vberfluß der sperma,

richt

richt ahne nierenfluß / so bricht dem
Salß sein wesen / vnnd zu vil liquidi
wirt da enßogen / daß also das salß in
ein jest gehet / das ist / in ein ander we=
sen / Dermassen auch durch das ge=
stirn / so in das Salß felt / an seine par=
tes, zu gleicherweiß wie der wind auff
trücknet / also auch das gestirn / wie
die Sonn die grandines zerschmelßt /
also auch die salia, dann die salia ligen
nit anderst im leib wie grandines auff
dem feld / welcher art vnnd natur ist /
daß sie sollen also bleiben / vnnd doch
aber mögē sie nichts widerstehn / dar=
umb so werden sie zerbrochen / So ist
das salß auch also / mag nichts wider=
stehn / kompt ein contrarium, so laßt
es sich ändern von dem vberfluß des
fleisches / feißts blüts / oder durch jhr
enderung der zartē art durch den coi=
tum, vñ also auch mit dem gstirn. Nū
sind etliche salia, so ein solche zerbre=
chen an sic fallen / dz sie sich zerschmel
ßē wie ö schnee / vñ das in dem weg / so
sie zerschmelßt / als dañ so ist die wer=
me im leib auch / die dann auch da ist
wie

wie im Mercurio / daß sie ein solch re-
soluirt saltz auß dem leib treiben / dann
dieselbige werme oder hitz laßt kein
resoluirt Saltz im leib nicht bleiben /
vmb viler vrsachen willen / es můß her
auß / vñ nicht allein das resoluirt / son-
der auch die andern salia calcinata re-
uerberata, Darumb so ist der schweiß
gesaltzen / dann er ist nichts anders /
dann allein ein resoluirt solches saltz /
Auß dem nun volget / daß etlicher

schweiß schweiß auß dem geblůt kompt / etli-
ist ein cher auß dem fleisch / bein / marck / rc.
resol- Vnd volgt auch auß dem / so dieselbi-
nirt gen salia vilerley art haben / dann auß
saltz. einer entspringen serpigines, impe-
tigines, pruritus, scabies, vnd diesel-
bigen genera / wie sie dann in der Chi-
rurgey begriffen werden / damit ich
jetzundt disen theil faren laß hie an
dem ort. So nun die salia der natur
calcinirt sein / so kompt es also auch / so
sie jr liquidum ventiliren / so ist es schõ
calcinirt in jrem wesen / dann das sal
ist an jme selbs vorhin calcinirt in der
natur / so er sein temperirt humidum
verleurt /

verleurt/vnd jme entzogen wirdt/als
dann so ligt es calcinirt da/gleich wie
der alumen inn seiner bereitung/vnnd
vitriol/vnd andere mehr/dann in sol=
cher gstalt solt jr hie dise preparatiõ
auch verstehen/So nun also diß cal=
ciniren angehet/so weicht das humi=
dum im schweiß herauß/vnnd ist das
humidum/das die haut juckend ma=
chet/vnnd beisset/vnd nachfolgend
aufferth/nachuolget zu löcher/dann
am letzten so das sal nicht feucht ist/
wie es sein soll/so geht es herauß vnd
frisset jhme selbst ein loch am selbigen
orth/wo es dann ist im leib/diß wirdt
weiter inn der Chirurgia vollendet.
Das aber reuerberirt wirdt/das ist ein
ander sal/vnd ist liquidum humidũ/
dasselbig distilliert sich auff vnd ab in
seiner anatomey/vnd heißt reuerbe=
ratio/dann vrsach/kein hitz noch
frembde geile mag jme in sein substätz
gehn/sonder zugleicherweiß wie was=
ser vnnd öle nicht gemischt mögen
werden/also mögen andere ding inn
das nicht gehen/Also gehen die spe=
cies

cies ob disem saltz hin vnd wider hin/
auff vñ ab/so lang biß es wirt ein Mu
cilago, viscositas, als dann hat es sein
scherpffe mehr dañ es sie habē sol / al/
so geht es durchauß/das ist/die inwen
dige hitz treibt sein wesen für den leib
hinauß / als dann facht es auch an zu
löchern / vnnd dergleichen eusserliche
schäden zu machen / Also wisset vonn
dem saltz / daß es sich neigt in sein art
nach dem vñ es ist an der natur / dar-
auß dañ vil kranckheiten entspringen/
die ich in Chirurgia heiß uulnera

Vulnera
erugi-
nosa.

æruginosa,dañ ein jeglicher rost wirt
von innen herauß getriben durch sein
poros. vnd am lufft hat er sein opera/
tion / Also wisset daß weiter kein loch
noch eusserliche kranckheit wirdt / nur
allein das saltz gebs dann / vnd wür-
cket mit sampt dem lufft aussen an d
haut vñ alles dem lufft zů / darzů dañ
auch zuuerstehn ist / jetzt ist dz sal also/
dañ also/darauß dañ d dürre. feuchte/
rinende/ citerige ic. schaden kommen/
wiewol d ieselbigē vilfaltig auch kom-
mē mit hinfressend substantz des mit-
teln

teln corpus, auch mit d̄ narung / ſpeiß
vn̄ ſolcher dingē mehr / aber diß iſt nit
not hie zuerzelē. Dz darauß auß dem
Saltz werden uulnera ſalis ambu=
lantia, peregrina, corrodētia, cancri=
ſantia, profunda / putrida &c. vn̄ noch
vil andere da nit löcher ſind / als alo=
pecia / puſtulæ, cicatriſantia / condi=
lomata &c. vn̄ darzů morphea / lepra /
vn̄ alle jre ſpecies / vnd nach dem vnd
dz ſaltz iſt / nach dem iſt auch d̄ ſchmer
tzen weetagē / auch nach dem vnd ſein
ſtern iſt / der hierī auch die ſcientiam
hat laſſen fürgehn / derſelbig in ſeiner
exaltation übets vn̄ bewegts auch / vn̄
dergleichen. So wiſſet auch wie daß
ſie mancherley form machen / als inn
krepſen / fiſteln vnd cancre nis corro=
dentibus / kompt auch auß arth des
ſaltzes / das alſo diſer natur iſt / dañ das
ſaltz gibt allen dingē die form / als das
liecht d̄ natur bewert / vnd in ſolchem
ſaltz nach dem vn̄ das iſt / nach dem iſt
auch der morbus ſtreng / lang kurtz o=
der tödtlich / welche ding alle in ſeinen
Capiteln verzeichnet ſeind.

                    C A.

CAPVT VI.

Sul-
phur
wirt võ
Elemen
ten zer-
brochẽ.
Ele-
menten
eigen-
schafft.
Wasser
Elemẽt
ist die
nesse.
Lufft
trückne.
Erdt-
rich
kelte.
Feur
hitz.

Ermassen ist auch ð Sulphur
den vier ding zerbrechen vnnd
exaltiren/das seind die vier E-
lement/vnd das ist also sein natur/felt
jne das feucht Element an / so wirt er
demselbigen gleich/auch feucht/naß
vnd dergleichen/wie dann solche im=
pression an jnc kompt/das ist vom E-
lement wasser / Also auch so jhn das
Element lufft an sich bringt/so wirdt
er trucken / vnd empfahet den gradũ
der trückne/so den empfacht die feuch
te/dann im wasser element ist die nes-
se/im lufft die trückne / also hengt sich
der Sulphur auff jr art der exaltatio-
nes/Dermassen so wisset auch also võ
den andern zweien elementen feur vñ
erden. Dominirt jn die erden/so ma-
chet sie jhn kalt/vnd behelt jhne kalt/
dermassen mit dem feur/ das ist/ mit
dem Firmament/ das behelt jn heiß/
so es jn dahin bringt/also sind die vier
Elementen die vier artifices / so den
sulphur bringen in sein transmutatiõ/
daß

daß er felt auß feim officio inn die ge= vier
berung der kranckheit / deren vilerley Elemēt
geschlecht werden / kalt / heiß / naſſz / bringen
trucken / vnnd in jeglichem geschlecht den
vilerley species, nach art des sulphu= schwe-
ris materia / so dann angriffen wirdt bel in
in sein theilen vnd membris. Also wirt sein
der sulphur kalt / vnd wirt durch das trans-
selbig Element uolatile oder fixum, muta-
Nun ist dise kelte mancherley / conge= tion.
lirt vnd resoluirt / coagulirt vnd diſſol-
uirt / nimpt sich auß den vierfachen
Elementen / die doch alle vnder dem
namen des Elements lerenden / ver-
standen werden / dann auß dem waſ-
ser gehet ein theil kelte / auß dem
feur ein theil kelte / auß dem lufft ein
theil kelte. Also solt jr wiſſen / daß ein Elemen-
jeglich Element ein teil der kelte gibt / ta sunt
vnd aber allein die kelte heißt Elemēt elemen-
terra / vnnd das von wegen der vrsa= tata cor-
chen / so ich der Philosophiæ auff diß pora.
mal befilch.

Also sehet nun die kelte an / dise inn
der kelte ein wesen haben / dann es ist
nur ein kelte / nit mehr / aber des ge=

Es ist nur ein kelte/ aber des ge= wichts ist mehr

wichts ist mehr/ jedoch ist in einer mer
kalts/ als in der andern/ darumb es kel-
ter erst eint/ vnd ist doch nur ein glei-
che kelte/ aber inn der substantz da sie
sich in zwey theilen/ in hert vnd feuch-
te/ Die hert ist zwifach congelirt/coa-
gulirt/ Die feuchte ist zwifach/ dissol-
uirt/resoluirt/ Nun/ congelirt nimpt

Kelte in 1.

sich auß dem das frische kelte ist / als
gefrorn/wasserschnee/grandines &c.
Also wirt im sulphur ein congelation/

Conge- latio ex igne.

welche auß dem Element feur gehet
mit sondern kranckheiten vnnd seinen
speciebu, die sich billich dem schnee/
reiff/grandinibus &c, vergleichen/ vñ

Kelte im was= ser. 2.

gleich in der geburt verstandē werdē/
das ist nun auß den altris geborn auff
eim theil / vnnd heist auß dem kalten
feur / dann daß Firmament ist das
feur/ Also ist nun congelatio ein andre

Coagu- latio.

Conge= tatio est uolatilis.

Coagu= latio fix.

kelte / dieselbige nimpt sich auß dem
wasser / vnd ist ein andere kelte/ vnnd
doch aber ein gradus mit dem feur/ vñ
so sie zu jrer operation geht/ so wirt es
coagulirt was dise kelte macht/ Dise
coagulationes scheiden sich von der
conge=

congelation in dem, daß diß fix ist, vñ
die congelation uolatilis, dann was
auß der kelte des Elements wasser ge
het das ist alles coagulirt, vñ ist frigi-
da coagulatio wie ir dañ coagulirt se-
het die corallen, die alumina, die enta-
ha, vñ dergleichē uitriolata, salia alu-
minosa, vnd andere. Also in solcher ge-
stalt sind die kranckheiten, so da kom-
men auß der coagulirten kelte, das ist,
auß der kelte des wassers. Nun also
auß dem lufft kompt auch ein kelte, die
selb ist in irer substantz nicht congelirt
noch coagulirt, sonder ein wind, vnnd
zugleicherweiß wie d Boreas vñ Ze-
phyrus für sich selbs ein kelte inn die
wärme bringen, also auch hat diß ele-
ment dieselbige art an jhm, auß dem
daß sie ein theil der kelt im lufft vnnd
wind hat, darumb dañ im leib solcher
wind kelte, chaos kelte, lufft kelte, on
substantz griffen oder sehen erfunden
werdē, mit seinen besondern generi-
bus der kranckheit vnd speciebus. Al-
so hat auch an jm selbst die terra so für
sich selbst terra verstanden wirt, auch

Kelte in 3.

*Dissolu-
tio ex
aëre.*

Kelte in 4.

M iij

ein besondere generatiõ d̄ kranckheit
die auß jr gehen / zu gleicherweiß wie
die kalten kreuter auff erden wachsen/
Solatrum, Rosa, Lactuca, Portulaca.
&c. vnnd also wie solche kreuter sich
sondern von den anderen / also auch
die kranckheiten mit jhren generibus
vnd speciebus, Also sollet jhr wissen
das Element terræ im menschen zu-
scheiden inn vier Elementen/mit dem
vnderscheid wie obstehet vnnd seiner
erkantnuß. Also nicht weniger sollet
jr verstehen von dem Element feur/
das ist / von der hitz / daß jhr das feur
auch dermassen in den vier Elementẽ
suchen / darumb so ein kranckheit im
Sulphur funden wirdt / so hat sie auß
den vieren ein art / als der sulphur ist
an jme selbs in seinem officio, So jn
nun das Element feur anzündt das
im Firmament ist/ so zündt jn der ful-
gurische stein an/der donnerstein/auß
dem dann volget / daß der sulphur
brinnt / vñ vergleicht sich nit anderst/
als wenn der stral vom himmel falt
in ein Baum/vnd verbrent jn. Also ist
die

Resolu-
tio ex
terra.

die vnsichtbare operation firmament
gegen vns auch im leib / vnnd wie sie
den Sulphur im baum anzündt / also
zündt sie den sulphur imm menschen
auch an / welches glid es dann trifft /
dasselbig hats in gewalt. Nun vber
das ist ein ander feur im wasser / wel=
ches gleich so wol den sulphur anzün
det / als das feur im Himmel / dañ kan
der Rißling / Calcedonien ꝛc. feur ge=
ben vnd haben in jn / so hats auch diß
inwendig Element das wir nicht se=
hen / dann es ist ein Fabricator in den
Elementen / den wir nit sehen / dersel=
big feyret nicht / wie dann in vil kranck=
heiten gemeldt wurt / Also ist auch ein
Element feur inn der erden / welches
dermassen den sulphur anzündet / als
jhr sehet / daß flammula, urtica / auß
der erden wachset / so sehet jr auch mit
was krefften sie stehen / so sie den cor=
pus physicum berüren / also werden
solche generationes auch im menschē
fabricirt / die alle in jren Capiteln ver=
zeichnet sind / darauß dann entsprin=
gen vilerley kranckheiten ausser vnnd

Opera=
tio fir=
mamenti
gegen
vns im
leib.

M iij

tien mit einem vnderscheid gegē dem
andern/Mercurialischen vnd Salini-
schen kranckheiten/ als dann von der-
gleichen kranckheitē ein sonder libel zu
ergründen ist/die ist flammula/die pi-
perisch/die Aronisch ꝛc. Nun im lufft
ist auch also ein heiß elemēt des feurs/
wie dann vonn der kelte gesagt ist auff
die feurische vñ astralische art/welche
auch feurische kräckheitē macht/dz ist
desselbigen Elementes kräckheitē. Nū
in den allē so ist coagulatio da im feur
des Firmaments/vnd der erden/vnd
des wassers/dann ein jegliche hitz co-
agulirt allein/ Darumb seind drey
coagulationes auß der erden/ vnd ist
die hēorkim sand auß dem wasser/ vñ
ist gleich den heissen mineralibus, vñ
eine auß dem feur ist impressionis,
Also inn der kelte das Element aqua
sein coagulatio auch hat/wie daß die
coagulation solatri ist/vnnd dergleich-
chen Also habt jr auch eine nessen auß

Nessen.

den vier Elementen/das ist/ein nesse
im feur/eine im wasser/eine inn der er-
den/vnnd eine im Lufft/vnnd seind
in massen

tin maſſen wie ob ſtehet / Nun ein
grad des Elements / vnnd ein vrſach
ſeiner kranckheit / als allein mit vier
generibus der kranckheiten / die iſt
naſſz auſz der neſſe des feurs / die an-
der iſt naſſz auſz der neſſe des lufftes/
die dritt naſſz auſz der neſſe der erden/
die vierdt auſz der neſſe des waſſers/
mit ſampt den ſpeciebus / ſo inn jnen
begriffen werden.   Alſo auch mit der   Trück-
trückne deren vieren / ſeind auch ge-   ne.
nommen auſz den vier Elementen/
wie von andern fürgehalten iſt / dann
etliche trückne ſeind auſz dem feur/ et-
liche auſz dem waſſer etliche auſz dem
lufft/ etliche auſz der erden wie ſie dañ
ſeind beweiſen die truckne kranckhei-
ten / Dann alſo ſeind vier genera inn
der Hauptſumma der kranckheiten /
das kalt / das heiſz / das trucken / das
naſſz / darum̃ billich ein jeglich kranck-
heit in diſen ſtaffeln angefangen vnd
verſtanden v̇ irdt/ vnnd wiewol nicht
nach der ordnung / auch nit nach der
ordnungen einander nach die kranck-
heiten volgen hie inn diſer Theorica,

        N iiij

so werden sie aber volgen nach diser
vnnd rechten ordnung an dem ort da
jr Practic gehandelt wirdt/vnnd wie=
wol auch hie alle ding beim kürtzsten
begriffen ist/vrsacht / daß an anderen
orten vnd enden die ding volkommen
erzelt werden / Als de complexioni=
bus & gradibus vnnd dergleichen in
andern naturalibus/ sonderlich betref=
fend die Philosophiam.

Nun ist aber nit weniger in den din
gen / es begegnen sondere kranckheitē
da / die nit auß den Elementen seind/
vnd jnen doch gleich sehen/Als so das
sal sich calcinirt / vnd als dann mit ei=
ner leiblichen feuchte entzündet wirt/
dadurch möglich were vnnd ist / daß
sie jren eigen sulphur/ inn dem sie ste=
het/ anzündet/vnd dergleichen nit al=
lein auff ein art/ als auff dise / sonder
auff alle andere art. Darauff ist zuwis=
sen / daß die ding mit den zeichen er=
kennt werden/ die diß alles scheiden/
der aber die vnderscheid nicht weißt
noch verstehet / der weiß vnbillich
dise zeichen zu erkennen/ als dann von
bellis

bellis inteſtinis erklärt wirdt an ſei=
nem orth / Darumb mercket auff die
andere Bücher / nit nach der außthei=
lung / ſonder inn mehr weg / Wiewol
der tittel laut von den dreien / das iſt /
vom ſelbſt thůn oder werden / von
zůfellen vnnd vom end / ſo werden je=
doch alle mal eingezogen die anderen
neben jm / das iſt von zůfellen / welche
begreifft die zůfäll / nit allein der ſel=
len / ſond auch der Elementen vñ der=
gleichen / dann ſo ein kranckheit be=
nennt ſoll werden / ſo müſſen auch be=
melt werden die jenigen / ſo ſie machē /
darumb die ordnung inn denſelbigen
Capiteln das von ſolcher kranckheit
tractirt gehalten wirdt / ob ſchon das
Bůch derſelbigen nicht nachgehet /
dann die Bücher bleiben inn ſeiner
Theorica vnd Phyſica / anderſt
halten die Practica in
ihren uolumini-
bus.

NT v

CAPVT VII.

Vn ist es nit minder / das noch
ausserhalben deren dingen al-
len ein andere art ist der kranck-
heiten vnd deren seind zwo hie inn di-
sem Capitel begriffen / Eine auß dem
samen spermatum, vnnd eine auß der
specifica forma , die sonderlich auch
größlich zu mercken seind / vnd sie zu
scheiden von andern kranckheitē / Nū
wißt jr wie alle ding in den dreien er-
sten oder substantzen stehn wie gesagt
ist / Nun ist aber in denselbigen dingē
sonderlich ein zůfallends gewechs / dz
da nit betrifft die ding / so bißher tra-
ctirt seind worden / vnd ist ein solches /
das da seind ding die machend schwi-
tzend / die da laxiren / die da breien vñ
dergleichen. Dise ding seind alle hoch
zuermessen / daū es heissen ægritudi-
nes specificæ, nennen sich nit auß ge-
melten causis, sonđ sie werdē also ange
boin vñ sind der natur also / dz der also
schwitzt vñ also laxus ist / vñ der also /
diser also. Nun also auß đ sperma wis-
set

Aegritu
dines
specifi-
ce non
ex trium
primarū
destru-
ctorum
causa.

set dz auch vil generationes beschehē
dañ erfunden werden/ oð andern din-
gen zůgelegt werden auß vnuerstand/
dañ camphora beweißt das / sperma
creti dergleichen/ vñ andere mehr/ dar
auß werden geursacht die kranckheitē
der blatern vnd nieren/ Dann wiewol
das ist / daß der tartarum der stein ist/
das ist / er ist sein materia / noch aber
an dise art wirt er zu keinem stein / jhn
congelirt die kelte/ der sperma oð aber
die hitz diaphoretica der sperma. das
wer nůcoagulirt/ Solche hitz vñ kelte
ist nit wie obstehet zuuerstehn/ sonder
dz der sam sperma ein sondere anato-
mey vnd physicam hat / aber in auß-
teilung wie obsteht/ vñ zu zugleicher-
weiß wie obstehet in aller massen hie
auch zuuerstehn ist / Aber was weiter
sonderlichs zuwissen not ist/ das wirt
in sein capiteln fürgehaltē. Nun ist es
ein sond capitel/ dañ in dem mōgē sich
auch scheidē von andern kranckheitē/
was angeborn ist / das mögen wir nit
nemen auß der wurtzen / das ist ange-
born/ die specifica vñ der sam sperma,

specifica
vnd der
same
sperma
ist an-
das erborn

das ist sein natur / darumb so můß die
wurtz ihr gewechs behalten / das ist
aber nit angeboren so einer blind ge=
born were/ vnd wiewol er das gesicht
nit hat/ so ist es doch in jhme/ aber nit
in der rechten statt/ das macht daß er
blind ist / vnnd scheint blind geboren
zu sein / so er doch das gesicht bey jme
hat / als so einer an einer hand sechs
finger het/vnd an der andern vier / od
sie stünden nit an jhren stetten / So
mag hie kein erfarner Artzet sagen / dz
solchem blinden nicht zu helffen sey /
sonder die natur ist groß vnd wunder=
barlich / Dieweil es da ist / so mag es/
dahin es gehört / gebracht werden/
das aber mit den fingern nit beschehē
mag/ dann dasselbig ist corporis sub=
stantia/ dises aber ist ein wind der keiñ
leib hat/ darumb ist er zu rucken / das
der versetzt leib nicht geschehen ließ.
Nun aber mit disem ists nicht also /
so hie in disen Capiteln fürgenommen
werden / sonder das seind eingeborne
ding wie dem Eysen sein herte / der
Kreiden jre farben/ auff welches auch
zu

zu mercken ist / daß sie zůfelt als dem
schnee / zůfall kan niemands hinderen
noch nemen / Das kan man aber wol /
daß es kein schaden dem Menschen
thue / Darumb so sperma dieweil er
ist limbus / vnd in den vier Elementé /
so wisset auch hierinn / daß er solche
krafft hat / dise krefften heissen billich
impressiones / vom menschen also ge
nennt / dann sie seind impressiones /
Nun mercket ein irsal inn der Astro-
nomey hierinnen / der ist also / Impres-
sio soll vom Himmel kommen / das ist
nicht / dann der Himmel truckt vns
nicht ein / die bildnuß haben wir auß
der hand Gottes gemacht ohn vns /
wir seind nun derselbigen wie wir wöl
len / so ist es ohn alle mittel der hand
Gottes arbeit vnnd schnitzwerck mit
allen glidern / Nun haben wir condi-
tiones / proportiones / mores &c. die
haben wir alle auß dem einblasen des
lebens / damit seind vns die ding ein-
geboren / Die kranckheiten die wir ha-
ben / kommen auß den dreien substan-
zen / in massen wie gemelt ist / darinnen
haben

haben sie etwas zu imprimirn wie ein
feur im holtz oder stein / oder ein Saf-
fran im wasser / Darauff wisset / dz ist
impressio, das wir nit kōnen von vns
treiben als die kranckheitē von aussen
an geursachet auß dem limbo, also ist
da auch impressio in dem sperma vñ
specifica, die vns darzů treiben/ vnd
wir können jhn nit auß treiben / Aber
wie mañ sagt inclinatio, dz ist nicht/
der da sagt / der mensch hat ein incli-
nationem, auff Martem, Saturnū,
Lunam &c. od er můß gstolen habē/
das ist ein grosser jrrsal vnd ein gleiß-
nerey / billich würdt gesprochen/ der
Mars schlecht dem menschen nach/
dann der mensch ist mehr als Mars/
oder andere Planeten / der aber den
Himmel erkeñt/vnd der menschē mei-
ster/der sagts nicht / sond er mag wol
sagen/der mensch ist so edel bey Gott
vnd so hoch bei Gott fürgenommen/
dz sein bildnuß abconterfetet ist imm
Himmel / mit allem seinem thůn vnd
leben gůts vnd böses/Das ist aber nit
inclinatio, wiewol sie sich des jrrsals
etlichs theils achten/darumb sie sagē/

non neceſſitant, das iſt ein höfflich
deckmentele / der Himmel hat vom
menſchen zwey außtheilung / Einer
er ihn abconterfect um Himmel / dar-
auß der falſch kompt / der menſch iſt
Saturniſch ꝛc. Iſt gleich als einer ab-
gemalet vnnd boſſirt wirdt / vnd nach
mals wirt mann ſagen / daſſelb Bild
geb diſen ſein inclination ꝛc. was er
thet / das ers vom bild hat / Das an-
der iſt præludium. dann alſo zierlich
iſt der Himmel / daß aller Menſchen
zukünfftige arbeit / weiß vnd geberde-
etc. was ſie gebrauchen vorgeſpilt
wirdt / vnnd das vorſpilen ſoll incli-
natio ſein / Gleich als wolt mann ſa-
gen / ſein præludium zwinge jhn / daß
ers thůn můß / vnnd alle præludia
ſind nur allein weiſſagung / die nur zů-
künfftigs ſagē oneinclination / impreſ-
ſion / conſtellation / vnnd dergleichen /
das iſt der ſchleim den die Aſtronomi
vor den augen haben / vnd ſo es geſagt
wirt / ſo maudern ſie / vñ ſo jr jrrig zu ð
aberglaubigen kunſt v̇worffen wirt /
vnd der rechten nachgehen / ſo ſchemē
ſie ſich mit zuſagen es iſt necromātia.

Also verstehen wir weiter/ daß diesel-
bige art an den zweien hangt/ eine im
samen/ die soll nun wol verstanden
werden auß der ersten Theorica/
wiewol die sůbstantz vnd corpora nit
da seind/ so mögē doch wol die gene=
rationes auß jnē gehn/ Vnd also auch
wo ægritudo specifica wer/ bedech=
ten das da nit zu wenden/ so inn der
wurtzen/ aber der zůfall der mag wol
gewendt werden/ dann sich begibet/
dz im stomacho offtmals vn̄ in inte=
stinis specifica laxatio ligt/ also auch
im geblůt specifica lepra/ das were
nach der kunst souuil geredt/ als wer
coloquint/ Turbith/ scamonea &c.
im magen/ vnnd mann spricht/ er hat
specificam scamoneam/ oder colc=
quint/oder esulā/oder agaricum/wie
es sich dann begeb/ Also auch/ er hat
specificam flammulam/ vnd specifi=
cam aquam/ das wer nun ein ange=
born auffatz oder morphea/ vnd der-
gleichen/ dann also kompt specifica
pinguedo/das ist/ daß offt einer feißt
wirt/ vnd ist nit der speiß schuld. Also
spe=

specifica macredo, das iſt / daß offt
einer mager iſt / da kein eſſen hilfft/
vnnd wiewol die Artzt ſolches haben
nicht in der ſpecifica ſcientia geſetzt/
ſonder mit den vnerfarnen Aſtrono-
mis gebollen / es iſt melancholia &c.
Saturnus iſt ſeins aſcendenten art/
vnd der menſch nimpt nichts auß den
aſcendenten/ er nimpts auß dem lim-
bo, vnnd iſt auß der hand Gottes ge-
macht/ nicht von aſcendens noch plá-
neten/ noch conſtellatione, vnd der-
gleichen / gleich ob ſie jhn zwüngen
dürr oder feißt zu werden / Inn diſen
kranckheiten iſt not güte erkandtnuß
zu haben / damit ſie wol geſcheiden
werden von der erſten außlegung an-
derer kranckheitē/ ſie werdē auffs letzt
angeſehen / das inn ſeinen Capiteln
fürgehalten wirdt / vnnd nemlich in-
wendig derſelbigen/ da von ſeim
ſperma vnd ſpecificis
gehandelt
wirt.

ξ

CAPVT VIII.

Suprd
lib. 1.
cap. 7.

NVN ist vber das alles ein vn=
sichtbar leib im menschen / der
nicht in die drey substantzen ge
setzt ist / das ist / ein leib hat der mensch
der nit anß dem limbo kompt / darüb
so ist es dem Artzet nit vnderworffen /
der nimpt sein vrsprung auß dem cin=
blasen von Gott / vnd wie ein jeglich
blasen oder anhauchen nichts ist in
vnseren händen / also ist auch nichts
vnder vnseren augen derselbige leib /
wiewol ich hie müß ein rede thůn / die
soll mir als einem Artzt zůgelegt wer=
den / doch auffgenommen in solchem
verstand / so weit die Philosophei auß=
weiset vom menschen / die ist also / als
wir haben inn der geschrifft / daß wir
werden aufferstehen am jüngsten tag
in vnserm leib / vnd da rechnung gebē
vmb vnsere missethat / Nun hat der
leib gesündet / der da nichts ist vor vn=
sern augen / darauff zuuermůten / der=
selb leib werde da aufferstehn / dañ wir
werden nit rechnung geben vmb vn=
sere

sere leibs kranckheiten / gesundheit vñ
dergleichen was jm willigen ist / sonder
ymb die ding / die von hertzen gangen
seind / die betreffen nun den menschē /
vñ ist auch ein leib / aber nit auß dem
limbo, sonder auß dem athem Gotts /
Wiewol aber wir inn vnserem fleisch
werden sehen Gott vnseren Heilma-
cher / so befindt sich daß der Leib auß
dem limbo da sein wirdt / da dann
fleisch ist / wer wolt aber vnwissend
sein von den dingen / die in der clarifi-
cierung sind / welche durch den mund
Gottes beschicht / da ein leib wie der
ander sein wirdt / in dem ist es ein flei-
sche / im fleisch werdē wir aufferstehn /
so wissen wir nun ein fleisch / nit zwey /
aber zwen leib / vnnd aber nur ein flei-
sche / dasselbig auß dem limbo, dz dañ
ist subiectum medicorum. Nun von
disem Leib wisset daß er nur anrei-
zende natur hat ausserhalb dem hun-
ger / durst / vnnd dergleichen anderen
zügebürenden gerechtigkeiten / die
vber die maß seind / Das fleisch auß
dem limbo ist die Natur / vnnd die

N ij

Wie werdet Gott in vnserm fleisch sehen.

Imm fleisch werden wir auferstehen.

bleibt in jrer maß vnd gerechtigkeit ꝛc.
Was nur vber das ist / das gehet vom
bösen herauß / vnnd nicht auß der na-
tur. das ist nun / es gehet auß dem vn-
begreifflichen leib / derselb aber treibt
die massam der natur ꝛc denn was der
natur geben wirdt / das ist in seim na-
türlichen außgang / vnnd an seim na-
türlichen stadt / vnd zu seiner natürli-
chen würckung / als mit dem essen /
was jhr geben wirdt nach der natur
not. das gehet inn bauch / vnnd durch
kein stül auß / vnd ist vol. Also der sam
der natur / der gehet inn sein acker ma-
trem vnnd bringt da sein frucht / was
ausserhalb jhr ist / das gehet auß bö-
sem / Vnnd aber daß ich nicht ein vn-
christlicher Artzet gesehen werde / vnd
zu sein wider Paulum / der da heisset
den Frawen jren willen ꝛc. ersettigen /
das nit geredt ist von jme / das billich
sey / oder gar rein / sonder zuuermeiden
den Ehebruch / darinn sie möchten
fallen inn solchen gebresten / jhr böse
hertzen damit zu stillen / vnnd abwen-
den / jr fürnemen / das ist / ergers zu-
uermei-

uermeidē/ also gegē den Naßen auch
beschehen soll. Nun aber wie da ste-
het vnnd fürgenommen wirdt vonn
dem so vber die natur ist / auß dem
anderen Menschen / nicht auß dem
limbo, ist billich dem Artzt etwas für-
zuhalten / damit daß er die zwen cor-
por leib menschen erkenn / sonderlich
fürgenommen wirdt wider die astro-
nomos/die den leib vnd er das gestirn
setzen/das ist/ denselbigen leib/der al-
so auß dem mund Gottes gemachet
ist / vnd nicht auß dem gestirn/ damit
der mensch bewert wird in was ja vñ
nein / in was gůtes vnd böses er wan-
deln wölle/ wie lieb jm Gott sey/ vnd
wie er sich an jhme halten wölle/ Also
auff das hat der mensch noch eiñ leib/
vnd ist der leib dem Adam vnd Heua
im Paradeiß volkommen gewunnen
am essen des apffels / dariñen er gantz
ward/verstůnd gůts vnnd böses/dar-
auß nun volget mehr essen dann noth
ist der natur/ mehr trincken dann noth
ist dem durst/so gütig ist Gott/ daß er
die ding nach vnserm begeren für vn-

sere augen stelt / gůt Wein / hüpsche
Frawen / gůt speiß / gůt gelt / darinnen
wir bewerdt werden / wie streng wir
vns halten / wie wir der natur inn maß
brauchen / inn vbertretten / dann da
ist ein vermåhelung zusammen diser
zweier leib / des athems vnd des limbi
wie ein Ehe / vnnd darauff zů fallen ist
daß diß brechen sey natio praua &
adultera, die da gar nichts halt / das
der vngreiflich leib hat versprochen /
dem natürlichen nicht zu vberladen /
vber sein maß nicht zu treiben / So dz
nun nicht beschicht / was ist es anders
dann ein Ehebruch? das für Gott
der höchst eyd vnnd pflicht ist / Aber
mehr gebürt mir hie nicht anzuzeige /
auff das fürnemen wie ich bißher ge-
fürt hab / damit wil ich allein beschlos-
sen haben die gemeine vniuersalisch
Theorica der Physic vnd Chirurgey
vrsprung vnnd vrsachen aller kranck-
heiten / nach welcher gemeinen anzei-
gung die nachuolgende Bůcher meh-
rern bericht / vnderricht vnd verstand
vnd erklärung geben werden / sonder-
lich

Be-
schluß.

lich von einem jeglichen Capitel/vnd
auch dieweil die notturfft erforderet
ein sonderlich Philosophiam,auffsol-
che anzeigung vnd fürhaltung wil ich
an die selbigen enden mit der hilff
Gottes/ der jetzund die hilff auch ge-
ben hat/ vollenden/ vnnd euch dahin
ermanen auß solcher Philosophey zu
erkennen dise Medicinas, damit inn
der Arzney vollendet wirdt das
jenig/so jr Gottbeuolhen
hat. Dixi.

N üij

Beschluſz zu Doctor
Joachim von Wadt.

Also hab ich nit mögen vnderlaſ-
ſen hochgelerter Herz vō Wadt/
nit anzuzeigen das erſte Büch
meiner Paramiriſchen werck/ darin-
nen auch gefliſſen ſein wolſt/ tag vnnd
nacht mit arbeiten/auditores rei me-
dicæ zu vnderuchten mit ſolcher er-
klerung/ daſz mehr frucht hierauſz ent
ſtehen wirdt/ dann zuuermüten/ Es
möchten mirs ein theils in ein hoffart
ziehen/ der ander inn ein wütend/ der
dritt inn ein̄ vnuerſtand/ Das iſt aber
war/ darnach ein jeglicher kan/ dar-
nach vrteilen ſic Theophraſtum/ Der
in der Philoſophia verderbt iſt/der ſol
nicht in diſe Monarchia/ Der inn der
Medicin ein Humoriſt iſt/ der preiſet
Theophraſtum nicht/ Der inn der
Aſtronomia ein irrer iſt/ der nimpt
nit ane was ich im ſag/ Seltzam new
wun-

wunderbarlich / vnerhört ſagen ſie ſey
mein Phyſica / mein Metheorica /
mein Theorica / mein Practica / Wie
kan ich aber nit ſeltzam ſein dem / der
nie inn der Sonnen gewandelt hat ?
Mich erſchrecket nicht der hauffen A-
riſtotelis / noch Ptolomei / noch Aui-
cennae / ſonder mich erſchreckt der vn-
gunſt / der zu bil inn die weg gelegt
wirt / vnd das vnzeitig recht / brauch /
ordnung / als ſie es nennen / Iuriſpru-
dentiam. Dem die gab geben iſt / des
iſt ſie / Der nicht berüfft wirdt / den
hab ich nicht zuberüffen / Gott ſey
aber mit vns vnſer beſchirmer
vnd erhalter in ewig-
keit / Vale.

A b

Vom Funda
ment vnd Weißheit bei=
der Seelen vnd Leibs kranckheiten/
Theophraſtus Paracelſus.

Der Erſt Tractat / vom
Fundament der
Künſten.

Iner der da wil vonn
Künſten der Weißheit
ſchreiben/der müß erſt-
lich am aller erſten dem
Leſer fürhalten vñ für-
legen/ der Kunſt vnnd
Weißheit vrſprung vnnd Lehrmei-
ſter/zugleicherweiß als ein Artzet/der
für ſich nimpt zu ſchreiben von ſeinen
kranckheiten/ der müß ſeins ſchreibēs
grund fürhalten/auß wem er ſchreibt/
vnd wer jn gelert hab ſchreiben/ nach-
uolgend

uolgend was er schreibe/ vnnd was er
lernt/ auch daſſelbig probiren vnd be-
weren inn den kranckheiten/ in denſel-
bigen wirt erfunden ſeines lerens vnd
ſeiner künſten warheit vnd gerechtig-
keit/ Alſo hie auch in diſen andern din-
gen/ was dann betreffen iſt den grund
der weißheit / vnnd der künſten der
weißheit/ iſt not zu beſchreiben ſeinen
anfang / auß wem ſie kommen / auß
wem ſie gelernt worden / auff das
nachuolgend ſein materia zu ende zu-
bringen/ wie dieſelbige zubeweiſen iſt/
zugleicherweiß wie die Artzneien ge-
zeugt werden/ auß was grund ſie ge-
hen/ vnnd warauß ſie flieſſen ſoll/ alſo
daſſelbig iſt vom leiblichē betreffend/
Hie inn diſem iſt es nichts leiblichs/
ſonder betreffend die vnſichtlichen
ding/ das iſt/ die vernunfft/ Alſo ſo ich
das ſchreib vnnd vollend/ ſo wird ich
wöllen haben das leiblich/ vnnd die
weißheit des leibs / das iſt/ jhr beider
kranckheit vnd eigenſchafft / wz dem
leib not iſt zuerklären/ vnnd wie es zu-
bekommen ſey / ſein anligen / Alſo der

Büchs
innhalt
iſt nicht
vō leib
lichen/
ſonder
vnſicht
baren
dingen.

weiß-

weißheit des menschen was jr zuuer-
trawen sey / Darumb hie weiter nim
ich sie für mich / gleich als den leib/
das ist / gleich als der leib kranck wirt/
also auch die vernunfft inn kranckheit
falt / Darumb so ich den grundt des
leibs notturfft beschriben hab / war-
innen seine fäl stehen/ also billich auch
die weißheit des menschen / als einem
Artzet zustehet vber alle profession
auß / zubeschreiben dieselbigen / Das
mich dahin vrsachet/ ist euch also zu-
wissen/ daß vil seind die da schreiben/
vnd aber vilerley / so doch nur einerley
ist/ betreffend den menschen / das ist/
wie mag anderst ein Zimmerman sein
gegen dem anderen / so sie beide ein
Hauß bawen vnnd machen sollen/ es
ist ein art/ es ist ein circkel/ es ist ein fü-
rung/ Von disem circkel/ arten/ fürüg/
ist noth zuschreiben inn der weißheit/
daß nit zwen circkel gebraucht wer-
den/ dann einer ist ein circkel/ vnd nit
zwen / Vnnd als wenig ein Zimmer-
man/ Steinmetz/ Maurer/ ein newen
andern circkel mag gebrauchen / der

dem

In aller geistlichen weißheit ist nur ein circkel vnd ein ende/ dahin die vernunfft stelt.

dem nicht gleich sey / also wenig mag
auch die ban der weißheit auß ande-
rem grund gehen / alles auß einem al-
lein / wie jr künst alle auß einem circkel
vnd wie ein zal ist / eine linien / ein qua-
drangel / also auch ein weißheit in alle
weg / Vnd wie die außtheilung gehet
von einem circkel in den triangel. qua-
drangel / vnd mehr vnd anderst. vnnd
ist doch alles auß einem circkel / also
hie auch / wie sich die weißheit auß-
theilet zuuerstehen ist / Vnd wie ein li-
nien der Himmel brauchet / dieselbige
auch die Erden / der Lufft vnnd das
Wasser / also auch nach einer linien
werden alle weißheit gestreckt vnnd
gezogen. Vnd wie alle menschen vnd
alle ding vnder einer zal gezelt werdē /
vnd allein durch die zal vil oder wenig
verstanden wirdt / Also sollet jhr auch
wissen / daß allein eine zal der weiß-
heit ist / vnnd ausserhalb derselbigen
kein andere zal nit.

Nun aber ist zuwissen in den dingē /
zugleich wie einer ein linien mit der
hand zeucht. vnd sie ist nit bey einan-
der /

der/ Vnd zugleich erweiß wie einer eiñ
circkel mit der hand machet/ vnnd iſt
auch nicht bey einander/ oder einer eiñ
quadrangel machet auß dem feuren=
zeug/ vnd iſt auch nicht bey einander/
Alſo gehen circkel/ linien vnd quadrã=
gel auß der weißheit/ vnd nit bewirt/
dann dieſelbige weißheit iſt nicht auß
dem rechten circkel/ quadrangel noch
linien / Darumb iſt nun forthin mein
vnderſtehen vnd fürnemen/ den gruñd
der weißheit zubeſchreiben / wannen
er koṁ / vnd wer er ſey der jn lege vnd
geb.

Was
ſeins
ſchrei=
bens
Inhalt
ſein
werde.

Des grundes wiſſen dörffen die
Künſtler / Dann was die weißheit/
dann eine Kunſt die einer vo: dem an=
dern kan/ Weißt einer einen rath der
fürſichtigkeit zugeben/ was iſt es an=
ders dann ein Kunſt der fürſichtigen
weißheit/ die der añd mit kan‥ Gleich
als ein Goldſchmid eiñ rath gibt des
regiments imm feur / der Schneider
kans nit/alſo iſt das kunſt/ Alſo iſt das
auch kunſt inn anderem / Was iſt die
weißheit als ein Kunſt / die müß auß

Vnder=
ſcheid d
Künſt=
ler.

dem

dem circkel vnd auß den linien gehen/
auß der zaal / vnnd die ding geben die
maß/vnd also stehet die maß inn kün-
sten / zugleicherweiß ein maß die da
macht der Drächßler / der machet sie
auß seiner kunst/ Also derglei ẽ auch
wisset inn denen dingen/ die linien der
circkel / die weißheit geben die maß
derselbigen/ vnd die maß ist die weiß-
heit an jr selbs.

Nun ligen die künst in mancherley
weg außtheilt/ vñ mögen nit in einem
stehen / der ist das/ der ist ein anders/
keiner mag alle ding / keiner vermag
alle ding/ wer weißt alle ding / wer
thut alle ding / als wenig einer mag
vnder einer arbeit zwo außrichtẽ/ son-
der müß allein eine anfahen vñ brau-
chen/ also auch mit den künsten/ dann
so groß/ so weit/ so hoch seind die kün-
ste zerstreut vnd zertheilt/ daß sie nit
mögen in einem horn begriffen wer-
den / Also volget dem ein stuck / dem
andern ein stuck / dem dritte ein stuck/
vnnd wie ein jeglicher sicht inn einer
Statt / daß in einer Gassen vilerley/

daß

(Randnoten:) Künst seind außtheilt in vil weg. Niechen monats weißt alles.

das in der andern vielerley der handt=
wercker sitzen/ also seind auch mit den
künsten vilerley arten außtheilung/
wie mit den handtwercken.

Alle
künst
komen
auß ei=
nem vr=
sprung.

Nun kommen die handtierung alle
auß einem brunnen/ die handtwerck
alle auß einem brunnen/ die künst alle
auß einem brunnen/ vnd seind alle ei=
nes brunnens/ der theilt seine äst also
auß/ wie ein Baum seine biren/ vnnd
kein bir kan sich beladen vonn der
andern / als allein sie müssen sagen/
auß dem baum/ auß dem die anderen
seind/ seie sie auch/ So nun ein sol=
cher Lermeister der weißheit soll ge=
schriben werden/ auff daß wir wissen
auß was end jeglicher/ ist nötig daß
ich euch dasselbig theile/ nemlich inn
zween theil/ dann zweierlei weißheit

Vierer=
lei weiß
heit
beim
men=
schen.

seind beim menschen/ Die so die Seel
berürt/ vnd die so den leib berürt/diser
vnderscheid ist noth/ vnd mehr dann
noth.Das wir vom vihischen wissen/
das ist vom leiblichen / vnnd das wir
wissen vom selischen · das ist von dem
ewigen/Dann zu gleicherweiß wie jhr
sehet/

sehet/daß offtmals ein vogel ein glau
ben macht/ein hund ein glauben ma-
chet/vnnd dergleichen/das also auch
möglich ist einem menschen in sich sel-
ber einen glauben zubawen vnnd zu-
machen/ Nun ist der vogel ein vihe/
der mensch also auch ein vihe/Nun ist
ein ander/der vbertrifft das/vnd aber
der erst wirdt offt für den andern ge-
nommen/für den rechten/darumb ist
notwendig/daß ich denselbigen auch
fleissig beschreib/was das sey/das der
mensch sey / wie ich beschriben hab/
seins leibs grund/auß wem er gehe/dz
ist/auß wem der Artzt geboren wirdt/
der des leibs meister ist/ Also dermas-
sen auch so wisset/ daß ich beschriben
hie/ warauß der weiß Man wächßt/
vnd ist damit der weiß Man/ vnd der
da weiß wirt geacht/geschieden wer-
den gleich als der recht vnd der dum-
men Artzet/ Also da auch/auff daß da
wol mög gemerckt werden/ auß wem
wir singen/lachen/greinen beten/fa-
sten/seind weltlich/geistlich rc. Dann
da lauffet mit ein grosse einmischung

Der weiß Man/ vnd der weiß geachtet/ ist geschiden.

vnnd ein jrriges / darumb wöllet acht
auff mein ſchreiben haben / dann da
wirt der grund beſchriben/ wie an vns
kompt die weißheit vnd kunſt / vnnd
alles ſo das vnſichtig haupt leret vnd
gibt / auß welcher welt daſſelbig be-
ſchaffen ſey/ das volgt hernach.

Aller dingen herkunfft ſoll gründt lich ge-wiſſet ſein.

Nun in allen dingen das herkom-
men ſoll gewißt werden/ vnnd daſſel-
big bewert verſtanden/ von wem vns
jeglichs weſen vnd eigenſchafft kom-
men/ kunſt vnd lehr/ dann un ſelbigen
ſtehen vil auff die ſich ſelbs leren / das
iſt/ die da nit kommen auß dem / auß
dem ſie ſollen entſpringen / vnnd ein
jeglicher wil ſein weißheit ſey gerecht/
ſein kunſt die ſey gerecht / vnnd alſo
Auß ei-gener vil ver-wenter weiß-heit werden vil miß gwechſ
ſoll je eins vnd das ander gerecht ſein/
vnd aber doch nichts bewert.

Nun werden auß ſolchem ſelbſt
lernen vil Abgötter / die groß vnnd
hoch geacht werden/ wie die ſpiegel-
arzt/ vnd ſeind nichts / Der in der ge-
ſtalt Gottes/ der in der geſtalt der ge-
rechtigkeit der in der geſtalt ð keuſch-
heit/ der in der geſtalt der zucht/ vnnd
der-

dergleichen mit vil solchē dingē vber=
ererfflich groß vñ mancherlei Nun iſt in
allen dingē ſolchs nit anzuſchē / dann
nichts iſt auß vns / wir ſind nit vnſer
ſelbs / ſond Gottes ſind wir / darumb
müſſen wir auß jine probirn wz in vns
iſt / ſein iſt es / nit vnſer / er hat vns den
leib gemacht / vñ geben das leben vnd
weißheit darzů / auß dem kompt nun
alle ding / Auff ſolchs müſſen wir wei=
ter wiſſen / warumb der menſch daſei /
warūb er die ſeel hab / wz mit jm Gott
vermeint zuthůn / wz er thůn ſol / Auß
dem erfindet ſich was der menſch iſt /
warumb er da iſt. Nan erfindet ſich
rarumb er lebt / warumb er geboren
iſt / auß dem wirdt nun verſtanden der
menſch in ſeiner weißheit / das iſt / daß
vor allen dingen auſſerhalb dem men=
ſchen ſoll verſtanden werden / der vat=
ter ð weißheit / wz ðſelbig ſey / vnd wie
er ſei vñ was er ſey / daſſelb iſt auch dz
kind / das iſt der menſch / dañ auß dem
menſchē mögē wir nit verſtehn / war=
umb er auff erden iſt / warumb er be=
ſchaffen iſt / oder was er iſt / aber auß

O ij

Auß
dem
men=
ſchen
wirt nit
verſtan
den wa=
rumb er
lebt.

dem beschaffer vnd schöpffer ꝛc. dar=
rauß mögen wir nemen / warumb der
mensch beschaffen ist / vnnd was sein
art ist auß ð welt / dieselbig art nimpt
sich auß dem Vatter der Weißheyt /
Der nun den Vatter erkennt / der er=
kennt auch den Sone / dann der Son
erbet den Vatter / Nicht an dem orth
im gůt / dann der Vatter der weißheit
ist nit ein Vatter des zeitlichen gůts /
sonder allein der Weißheit / darumb
ist die Weißheit genůgsam bey allen
menschen / dann sie erben alle die weiß
heit / vnd keiner mag sprechen / er hab
mehr dann der ander / oder weniger
dann der ander / Dann als wenig ein
mensch ein gliedmaß von Gott weni=
ger geschaffen hat dann der ander / als
wenig ist jhme auch die weißheit be=
raubt / dann wie der Keyser / also der
Baur / wie Christus / also der mensch /
Darumb wisset / so also der leib ist ein
ding in allem / vnnd niemandts ist im
selbigen arm oder reich / sonder alle
gleich / daß keiner kan sprechen / er sey
im leib mehr glidet dann der ander /

Also

Also auch inn der weißheit mag keiner
sprechen/ er sey der weißheit beraubt/
vnd einfeltig ellendigklich begabt/des
verstands beraupt / der vernunfft be-
raubt/ der witz beraubt / Alles nichts/
sonder das ist alles welt/Das ist aber/
daß wirs groß vergessen / vnnd nicht
achten / vnd trachten / das vns zu der
weißheit bringet / vnnd keiner der da
schlafft/ der weißt nichts / dann er er-
manet sich niergend an / Der also doll
lebt/sanfft/faulet/der ermanet sich an
das nicht/das in jme ist/ sonder durch
sein faulkeit versaumpt er das erb der
weißheit.

Ist es nit also / so ein gemein zusa-
men kompt/ so kan niemandts nichts/
vnd alle menschen seind einfeltig / biß
an einen/der gibt den rath vnnd weg-
weisung/ vnnd so er das den Bawren
hat fürgelegt/ so sagen sie alle/ Ja bey
Gott er ist recht daran / vnnd ist also
wie er sagt / So nun diser rath vnnd
außweisung nit als wol in dir wer ge-
legen als in jme/ wie kanst jhm kundt-
schafft geben/ daß er recht dran wer?

O iij

du bezeugest daß er recht dran ist mit
dir selbst/ darumb hast dieselbige witz
in dir auch / als wol derselbig / du aber
hast gefält/ vnd dich nit gemanet da-
ran/vnd also sprichst du/ ich hab nit so
weit gedacht / jetzt bist du ein zeug
dein selbs in dem erb das du hast/ dañ
alle haben ein erb / das ist die weiß-
heit/ Auß der weißheit erben wir alle
gleich / einer aber wůchert mit seinem
erb/der ander nit/ einer vergrabts/ vñ
laßts ligen / vnnd gehet oben hin/ der
ander gewinnet damit / einer vil/ der
ander mehr ꝛc Vnd also vñ nach dem
vnnd wir das erb anlegen/ üben vnnd
brauchen/ darnach haben wir vil oder
wenig/vnd habens doch alle/vnnd ist
in vns.

Nun ist das der grund dises fürne-
mens / was die weißheit des men-
schens sey/die mag nun auß dem men-
schen nit genommen werden/ dann so
er schlafft/wer kan mit jm reden? wer
kan auß jhm elernen? Nun der aller
wachbarste mensch schlafft also / daß
von keinem menschen nichts zu lernen
ist/

ist/was inn jhm sey oder ist daß mann
möcht ein lehr nemen auß jhm / wer
kan auß einem samen die lehr nemen
was in jhme ist? niemands / Also auß
dem menschen auch / aber auß dem
vatter desselbigen/ da wirt es gelernt/
Dann da ist ein vnderscheid zwischen
vatter vnd dem son/ daß der vatter zu
der lehr leichter vnnd nützer ist dann
der sohn/ vnd daß der vatter offenbar
ist/vnd der sohn nit/vnd auß dem vat-
ter werden des sohns wesen lebē/art/
eigenschafft/ ampt ic. erkennt Nun
ist der mensch ein sohn / vnnd hat die
weißheit/aber nicht von jhme/sonder
vom vatter der weißheit/ auß demsel-
bigen gehet die weißheit.

Der nun die weißheit lernen wil/
des menschen / der lernets auß dem
Sohn nicht / sonder er müß sie auß
dem Vatter lernen / dann der vatter
ist offenbar inn der weißheit vnnd
witz / vnnd zeugets offentlich an
tag.

Men-
schen
weiß-
heit zu
lernen.

O üij

Nun auff das wirt weiter das fürnemen sein vom Vatter der weißheit/
auff daß der Sohn mit seiner weißheit verstanden werde/ dann es müß
ein mal offenbar werden / wie die
weißheit des menschen sey inn allen
dingen/ dann was sein kopff thůt vnd
wurckt/müß sein vatter haben / Wer
der sey/ist notwendig zu wissen/ dann
warumb der vatter den sohn machet/
darinnen müß mann die weißheit erkennen/ vñ was der vatter ist/ ist auch
der son/vnd die person oder form hindert nichts darinn / dann vonn der
weißheit rede ich / nit von der person/
So wir nun wissen was wir sind/warũ wir sind zu kindern gesetzt/so wissen wir was vnser erb ist/ das dann bei
allen gantz ist/vnnd nicht zerbrochen/
dann als wenig im menschen das lebē
mag gestückelt werden / oder einem
weniger oder mehr geben werden
dann dem anderen / sonder müß allen
gleich geben sein/ Also wie das leben/
sollet jr auch wissen von der weißheit/
daß der mehrest als der wenigst / der
we-

wenigst als der mehrest ein ding sey/
vnnd des außtheilung also / daß kein
weg noch maß mag gleicher sein / dañ
dise außtheilung.

Nun vätterliche weißheit ist dem
menschen not zu erben/ als es dañ sein
erbtheil ist/ dann so groß vnnd so edel
ist der mensch/daß er Gottes bildnuß
tregt / vnd ein erb des reichs Gottes.
Nun ist der Mensch beschaffen also/
daß Gott den Teuffel / den Sathan/
den Lucifer zu einem feind hat / dann
die warheit mag nit sein one fei d / sie
müß jren feind haben/ Nun ist Gott
die höchste warheit / der Teuffel die
höchst lügē/ Der Teufel gesicht Gott
nit/kan jme nit widerstehen/ er berürt
jhn nit / er kompt auch nit in sein statt.
Der Mensch aber ist beschaffen an
statt Gottes auff erden / denselbigen
mag der Teuffel anfüren vnd neiden/
dann er kompt für Gottes angesicht
nit / aber wol des menschen. Also so
nun der mensch Gott an dem ort ver-
tretten müß/ vnd Gott preisen vnnd
loben/ vnd sein werck thün/ so ist not/

O v

Der mensch tregt Gottes bildnuß/ vñ ist ein erb seines reiches. Warheit kan one ein feind nit sein. Mensch ist auff erd an Gottes statt erschaffen.

daß er Gottes weißheit hab / dieweil er ein erb seins reichs ist / vnd auß dem menschen soll die zal genommen werden der erfüllung des Himmels / so vil / als vil der Teuffel abgestossen da worden vom Himmel in abgrund der Hell / dise zal müß erfült werdē / vn̄ als den̄ auff solche erfüllung so wirt d Himel vn̄ erden nichts mehr sein / vn̄ der Hin̄el wirt es alles sein / vnd wie in einem sal / tantzen / weinen / lachē / schreien / gesundtheit / kranckheit / tod / tc. sein mögen / also werdē auch die weite sein des letsten reichs / So nun der mensch soll die statt erfüllen / vnnd soll darein kommen / vnnd soll den theil Gottes auff erden erfüllen wider den Teuffel / von des wegen der mensch beschaffen ist worden / vnd gesandt in das Paradeiß.

Der mensch soll im Himel die zal der abtrin̄igen Engel erfülle.

Vnd wiewol gebrochē das gebot / nit auß fürlistigkeit / son̄d auß zwang / auff daß auß dem Paradeiß d mensch komme / inn die welt an die statt Gottes / vnd daß ihn nit Gott / sonder der Teuffel vrsacht.

Adam brach auß zwang das gebot / nit auß fürlistigkeit.

Hierauß

Hierauß hat die Schlang Hevam
betrogen/auß dem nun volget vns al=
len ein ebens spil / daß wir im hertzen
des verfürers nicht sollen vergessen/
sonder des Teuffels erbfeind erster=
ben vnnd bleiben in ewigkeit/ vnnd so
vns Christus nit erlöset het / wer we=
re/der je selig wer worden? Also seind
wir ausserhalben gemachte feind des
Teuffels/der das vergißt/ der ist vnse=
lig / Deßgleichen erben wir an statt
Gottes / inn des namen wir hie seind
auff erden / darumb so gebüret sich/
dieweil auß solchem grossen grundt
die weißheit des menschen kompt/zu=
erfaren dieselbige wie sie sey in vns/ vñ
daß wir nit hie seind auff erden / dar=
umb daß wir vns sollen leben / das be=
trachten / das der Teuffel im Himmel
betrachtet hat / Dann vrsach / Der
Teuffel betrachtet sein hoffart vnnd
glori / Also so wir auff erden solches
auch betrachten / so mögen wir nicht
erlangen das / dahin wir verordnet
seind.

Auff

Mensch soll ein feind des teuffels erb=sterben.

Der mensch soll ime selbs nit leben.

Auff das nun so wisset / daß gleich
dem menschen wie dem Teuffel umm
Himmel gegeben ist der gewalt / der
Teuffel mocht hoffertig oder nit sein/
er war hoffertig / derhalben ward er
verstossen/ also mag der mensch auch
sein hoffertig oder nit / vnd ist in dem/

Mens
sches
freier
will.

dem Teuffel gleich / wie er was / da er
ein Engel war / vnd aber wie es jhme
ergangen ist/ also auch disem menschē
wirt es ergehen / der also sündiget wie
er/ dann wir sollen Engel werden / vñ
nit Teuffel/darumb seind wir beschaf-
fen/vnd in die welt geborn.

Der
mensch
ist in
die welt
geborn
ein En-
gel zu
werdē/
vnd nit
ein Teu
fel.

Die vrsach ist da/ daß Gott ein mal
im Himmel vom Teuffel angelanget
ist worden / vnnd er wolt Gott gleich
sein, darumb verstieß er jn / Nun wei-
ter aber / den menschen hat er beschaf
fen / vnnd in die welt geben / vnnd sie
jme beschaffen/vnd hat jne nit wöllen
im Himmel haben/sonder in der welt/
vom Himmel geschieden/ Vnnd aber
was jhme noth sey wie einem Engel/
dasselbig hat er jme auff die welt ge-
ben / also daß er ist ein leiblicher En-
gel/

gel/ſündet er vnd iſt hoffertig/ ſo wirt
er nit vom Himmel geſtoſſen/ ſonder iſt ein
auß der welt/ dann auß dem Himmel
ſtoßt Gott niemandts mehr/ dann ei=
nen vnd keinen mehr/ ein mal iſt auß.
geraumpt/ vnd nimmermehr/ einmal
geſtelt/ vnnd nimmermehr/ dann auff
ein zal/ eiñ willen/ ein ja/ ein nein/ dar=
umb ſo hat er damit ſeiñ Himmel er=
füllet/ die Welt beſchaffen/ vnnd
den menſchen nit im Himmel/ ſonder
in die Welt/ auff daß nichts im Him=
mel arges entſtünd/ vnd daß das per=
lin auß der zal der menſchen außklau=
bet würde/ darumb hat er jme ein ſon=
der reich beſchaffen/ vnd jne im ſelbi=
gen gantz gemacht/ nit grob/ nit vn=
geſchickt/ nit vnuerſtendig/ ſonder die
weißheit hat er dem menſchen gege=
ben/ klar/ rein/ pur/ vnd wie ein mëſch
das grob iſt an glidmaſſen/ vnnd ein
anders ſubtil an glidmaſſen/ welches
vnder denen zweien iſt zu loben/ oder
zu ſchelten? keins dann ſie haben bei=
de magen/ hertz/ rot blůt/ rotes fleiſch/
weiß bein/ marck/ har/ Alſo im ver=
stand

Marginal notes: Menſch iſt ein außm Himmel leiblicher Menſch. gel.

**Klůg-
heit ist
vnder-
scheiden
vom
verstād.**

stand ist diß gantz / aber nit die klůg-
heit/ Die klugheit ist ein frembde thie-
rische vnd fürsinnisch ding / darüb nit
den wolstand vrteiln solt / sonder alle
menschen in ehren halten / Dann bey
allen ist/ das inn dir ist / in einem jegli-
chen ligt das in dir ligt / wie einem ar-
men das sein gleich so wol wachßt inn
einem garten/ als dem reichen/ also da
auch imm menschen ligen alle hande-
werck/ alle künst/ aber nicht alle offen-
bar/ in dem das/ vnnd die andern alle
nichts mehr in dē ein andē / vñ weiter
auch nichts mehr/ vnd seind doch alle
in jme/ vnd hat sie alle/ das auffweckē
das da geschicht / dasselbig bringets
herfür / so weit er auffgeweckt wirt/
Lernen von menschen ist kein lernen/
es ist vorhin im menschen / allein er-
weckets vnd ermanets / dann als we-
nig du magst ein holtz lernen tantzen/
machen ein hund reden / also wenig
magstu einen Schůler leren auß dir/
dann es ist im hund nit / auch im holtz
nit / das im schůler ist / darumb ist ein
kind (ein anbegin in jm) darnach du es
erwegst

erweckst vnnd darnach hasts / das er-
weckst mit einem Schůster / so ist ein
Schůster / erwecksts mit einem stein-
metzen / so ists ein steinmetz / erweckts
mit einem glerten / so wirt gelert / dar-
umb wirts also / dann alle ding in jme
sind / welchs du erweckst in jm / das ge-
het herfür / die andern bleiben schlaf-
fen / weren sie nit mit dem fleisch vnnd
blůt geboren / nimmermehr wůrdestu
das in sie bringen / das du kanst / darüb
du mit jnen ein schůler bist / du weckst
die schůler / vnd sie dich auch / das ist /
ein ander mag dich leren vnd auch er-
wecken inn einem andern / das bey dir
schlafft / gleich so wol als du die schů-
ler vnd kinder.

Also sollen wir wissen / daß ich wei-
ter in dem weg schreib den anfang vñ
materi der weißheit / wie ich dann ge-
schriben hab den anfang vnd materi-
am des Artzts / auff daß wir die weiß-
heit inn seinen krancken auch zu der
Artzney bringen / vnnd dahin rich-
ten / auff daß den Krancken der
weißheyt auch vhrsachen werden /

Anfãg
vnnd
materi
d weiß-
heit.

wie

wie die leiblichen / sich soll in dem kei-
ner entsetzen / oder den hauffen der
Sophisten sich nicht lassen verfüren/
inn dem / daß sie die weißheit anderst
vnd anderst füren/ jhnen nichts glau-
ben / dann was hie begriffen wirt auß
disem nachuolgenden grund / anderst
mag kein weißheit sein/ Darumb aber
das der weißheit ist / wie der kranck-
heit / vnnd daß sie falt in maniam, in
phrenesim, vnd in ander vil species,
ist von nöten / wie ein Artzt des leibs
anatomey auß seinem Vatter wissen
soll / also auch hie in dem orth der ver-
nunfft anatomey der mensch wissen
soll / seiner weißheit / vnnd die zal seiner
kranckheiten / vnd alle wesen vnnd ei-
genschafft / vnd nit ein wenig/ sonder
mit grossem vnderricht/ Dann zuglei-
cherweiß wie da jn gehen die Artzt in
erkandtnuß jrer kranckheit/ also gehen
auch jn die weisen inn erkandtnuß der
weißheit/dann es darff sich keiner an-
derst darinnen versehen/ dann grosser
kranckheit/ gleich als im leib/ auch inn
der vernunfft / vnd wie im leib/ also in
der

Ver-
nunfft
leidet
kranck-
heit.

der vernunfft auch dieselbige zuwiſ-
ſen vnd zu wenden ſeind / vnnd damit
wil ich weiter fürgelegt haben / vnnd
anzeigen weiter diſes fürnemens vr-
ſprung / von wannen die weißheit des
menſchen kompt / inn dem begriffen
wirdt / von wannen die künſt komen /
vnd wie ſie in vns ligen / nicht allein in
vns / ſonder inn dem vihe / vnnd in alle
ding / ſo da ſeind / vnnd mit weißheit
vnnd vernunfft handeln / denn demüt
der weißheit gibt die kunſt / die für-
ſichtigkeit / die gerechtigkeit / die witz /
vnnd aller dingen verſtand / Nach
dem vnd dieſelbige angefangen wirt /
wil ich erzelen den anfang / vnnd des
Büchs außtheilung / nemlich inn
zwo weißheit / vihiſch vnnd Engliſch
ſeind beide im menſchen. Darnach
was die vihiſche vernunfft handelt /
vnd was die Engliſch handelt / vnnd
diß zwo in ſeltzam vnd in vil außthei-
lung / ein jegliche ſich ſelbs füret vnd
weiſet / das Argument nur mit kleiner
arbeit nit zubeſchreiben wäre oder mit

P

kurtz anzeigen/Darumb wil ich einen
jeglichen der da liset/ermanen. das ar=
gument selbst außzuklauben vnnd zu
nemen/dann schwerlich ist es zusetzen
einem jeglichen nach seinem gedun=
cken/schwer wirdt es sein/dann es ist
nie also eröffnet vnd erkennt/vnnd ist
doch von anfang je vnnd je gewesen
vnnd gestanden / aber blind vor den
augen vnd in seinem wissen.

Sonderlich sollen die es lesen/die
da wöllen in den liechten wandlen der
künsten / der gerechtigkeit / auff das/
daß sie sehen warauß eines jeden ge=
rechtigkeit/liecht vnnd kunst/dann
beide werden da begriffen/das geist=
lich vnd weltlich/vnd falsch vnnd ge=
recht/vnnd beide werck/Der lügner
sagt ein warheit/der warhafftig sagt
ein lügen/der krumb laufft/der gerad
der hinckt/vnnd wie also durch vnnd
durch alle ding sollen gehen/vnnd ge=
hend/dieselbigen auß was grund vnd
wurtzen sie gehen/ist allein mein gantz
fürnemen/Nemlich/daß da erfunden
werden

werden die hoffertigen / die da sitzen
im ansehen des Stůls der weißheit/
das ist / die da sitzen auff dem
stůl der Pestilentz.

Vom grund der
Weißheit.

Der Ander
Tractat.

Jeweil der sohn aber in allen
dingen durch den vatter zuer= Sohn
kennen ist / so wisset hie an dem wirdt
orth das widerspil gegen dem Libel/ erkennt
so ich gesetzt hab von der erkandtnuß durch
Microcosmi auß seinem vatter / das den vat
ist / auß der grossen welt / hie an dem ter.
ort den grund vnd vatter der weißheit
zuersehen ist / daß wir Gott erken=
nen / so erkennen wir seine kunst vnnd
weißheit.

P ij

Nun aber ist Gott kein Künstler/
das ist für sich selbst / er ist kein weiß-
man der welt / vnd die kunst vñ weiß-
heit der welt ist sein / vnnd kompt von
jme/vnd er ist dieselbig weißheit/vnd
die weißheit der welt ist die weißheit
der kinder (nicht von der vihischen art
geredt) Was erkandtnuß wir auß
Gott sollen nemen / die ist also: Ein-
mal ist das war vnnd offenbar / daß
Gott gantz vnd volkommen ist/vnnd
in jhme ist kein gebrästen funden / alle
ding gantz / also wie in jme die gäntze
ist/vnd one zerbrechligkeit/also hinge-
gen sollen wir auch sein / das ist / vnser
weißheit/vnser kunst/sollen dermassen
also gantz auch sein / als gantz der ist/
auß dem wirs haben/ vnd mit nichten
weniger/dann er ist deren vatter/ vnd
wir seind seine kinder/vnd habens von
jme/so haben wirs gantz von jme/vnd
nichts zerbrochen. Darauff mercket/
so wir kunst können vnd weißheit / vñ
können sie nit volkommen vnd gantz/
so seind wir nit kinder Gottes / dañ er
zerbricht

Gott ist
allent-
halben
volkom
men.

zerbricht vns nichts an vnserem erb/
sonder er gibts vns gantz vnd volkom
men / Die zerbrochne künst können
zweifelhafftig/vnd seind nichts tröst-
lichs oder gewiß / die sollen sich des
güts nicht berhümen von Gott zuha-
ben/sonder wie banckharten jhrs vat-
ters brot essen von ferrem/mit schma-
hen/mit verachten/mit gnaden vnnd
mit gunst / weiter nicht/Also hierinnen
auch banckharten seind / die die kunst
Gottes vnnd dergleichen brauchen/
aber nichts nach dem ehelichen erb/
das ist / nach ehelicher freiheit / wie
dann ein kind seinen vatter erben soll/
Dann dieweil wir aufferden sollen vn
sern spiegel in Gott haben / also in der
gestalt / daß wir jhm als gleich seind/
als ein kind einem vatter / das keins
fingers weniger hat dann sein vatter/
also wir auch in der weißheit in Gott
erscheinen sollen / darumb sollen wir
gantz sein / dann wir sehen nichts zer-
brochens inn Gott/ nichts stücklets/
sonder alles gantz vnd gar / Also auch/

so ein weißheit ist bey vns menschen/
die nicht zum end der weißheit dienet/
vnd beschleußt sich nit ohne schaden/
oder bleibt nit ohn zerbrechung / die=
selbig ist der kranckheit/ dañ der weiß
Man auß Gott/ der dañ soll die weiß=
heit Gottes haben / derselbige rath
lehret also / daß sein weißheit nimmer
mehr vnden ligt/ Niemandts ihr wi=
derstreben mag noch kan/ kein schadē
kompt darauß / kein weinen / kein el=
lend / kein betrübnuß / kein vnseligs/
sonder rüw/ frid/ freud vnd aller wol=
gefallen.

Anato-
mey
Gottes. Also mögē wir in Gott nichts mehr
sehen/ dann allein die warheit/ vnnd
die gänze/ das ist/ die anatomey Got=
tes/ das wir in Gott sehen / vnnd also
vns selbst darbei erkennen vnd verste=
hen / daß wir nichts seind / allein wir
seien dann Gott gleich/ vnnd als vol=
kommen als vnser Vatter im Himmel
ist/ dann wir seind auch Gottes / dar=
umb daß wir seine kinder seind / aber
der Vatter selbst nicht/ Darumb blei=
bet

bet allein ein Gott/ vnnd nichts mehr/
vnd wir fromb/ vnd für kinder.

Darumb volget nun auß dem/ daß
wir seind Götter vnnd volkommen/
So wir nun inn Gott solche anato=
mey sehen/ vnsers Vatters der weiß=
heit vnnd der künst/ so wisset hierin=
nen/ daß da nichts ist auff erden/ das
da kunst oder weißheit berürt/ das
nicht auß Gott sey. Sie aber theilen
sich/ eine inn gäntze/ eine inn volkom=
men/ Die gantz kompt ehelich vonn
Gott/ Die gebrächlich auß der kräck=
heit. Nun ligt diser zweier kinder ge=
burt an jrem erwecken/ Was erweckt
wirdt zu dem ehelichen anzusehen/
das stehet seligklich auff/ dann selig
seind auch die/ die so erweckt werden/
inn den todt/ dann sie sterben selig/
Die da aber nit erweckt werden zu der
weißheit/ so in jhnen ist/ sonder sie
nähern ein wenig darnach/ das seind
nun banckart/ dieselbigen sind vnehe=
lich mit jrer kunst vñ weißheit/ dañ sie
müssen jr schand vnd laster verbergen
mit jren lügen.　P üj

(Marginalie:) Kein weißheit ist ohne Gott.

Welcher sihet ein Hürenkind / das
da wil ein Hürenkind ohn widerred
sein? das sich selbs nit beschem / vnnd
als gůt als ein ehekind. oder etwas bes
sers achtete / oder herfür brech / So sie
nun sollen besser vnd höher sich selbst
machē / so můß es mit lügen gschehē /
mit listen / mit betriegerey / dardurch
müssen sie es bringen zu jrem lob / also
die banckharten der kunst vnd weiß-
heit auch / Sie haben etwas in jhnen /
aber es ist nicht gar erwachsen / wie es
wachsen soll / seind nit im Sommer /
sonder im Winter.   Nun aber da sie
auch neben den ehelichen weißheit
vnd kunst erscheinen / so setzen sie jrem
banckhartlin ein hütlin auff / vnnd fü-
ren jr weißheit mit lügen / jr kunst mit
betriegen / als dann thůnd die jenigen

Vō fal-
schen
Arzt /
Juristē
vnnd
Theo-
logis.

arzt / die da die leut bscheissen / habens
nit ehelich / sond jr kunst wie banckhar
ten / Also thůn auch dise Juristen / die
sich mit lügerey neren / Also nit weni-
ger vil Theologi, die also in den din-
gen predigen vnd leren / vnnd die sich
müssen

müssen behelffenn der zusammen-
geflickten Predigen / dann sie seind
banckharten/vnnd nicht ehelich/Da-
rumb so sie wöllen eheliche händel
brauchen / so müssen sie die jhren ver-
blümen/daß sie ehelich vermeint wirt/
vnnd jnen ist gleich als einem der ein
Hüren zu Kirchen fürt/vnd gehet wi-
der mit jr heim/ vnd hat sie nit genom
men/ allein gefürt zu einem schein/ als
hab er sie heimlich beim Altar genom-
men / vnd laßt den Pfaffen etwas an-
ders die zeit mit jhr reden / daß mann
meinen soll / es geschehe die verbin-
dung der Ehe / Oder als einer der ni-
der kniet / vnnd thüt eben als beichte
er/ vnnd gibt das gelt/ vnnd der Pfaff
nimpt das gelt / vnd absoluirt jn/ vnd
der hat jhme nichts gebeicht/Also hie
auch zuuerstehen ist/ daß die weißheit
der menschen vnnd die kunst zwifach
in jnen seind / ehelich vnd ist gantz on
all zerbrechen / banckhart/hürenkind/
dieselbige wirt mit lügen bedeckt vnd
erhalten / dieselbige gehen nicht auß

P v

warüb so vil widerwertigkeyt vñ zerstörung inn der welt.

one zerbrechung vnd one laster/ dann es ist hůrerey in ihrer weißheit vnnd kunst/vnnd banckarten weißheit/darumb zergehen die reich der welt/ die anschläg der menschen/ die stett werden zerbrochen/ die menschen hassen einander/ vnnd dergleichen was auß der banckarten art ist/ vnd kompt mit vil vblem/argem vnd ellend/ dann inn denselbigen ist kein vnzerbrechligkeit/ sonder all ellend darauß zu erwarten.

Auß dē banckarten kommet alles ellend vñ vnßw.

Nun/ was seind vnsere weißheit auff erden anderst/ dann daß wir sollen gegen einander leben wie die Engel im Himmel/ dann wir seind Engel. Nun so wir sollen wie dieselbigen leben/ so sollen sie vnsere anatomey sein/ in denselbigen vns zuersehen wie sie leben/ also wir auch/ dann in Gott mögen wir nichts sehen/dann er brauchet nichts (leucht nur) aber in seinem geschöpff/ da mögen wir sehen die Anatomey der weißheit vnnd der kunst.

Also/ was sie seind/ das seind wir/
vnd

vnd daß vns nichts scheidet dann der vnder-
leib vnd das zůkünfftig vrtheil. Nun scheid
auß dem müssen wir wissen/was kön-zwischē
nen die Engel/alle ding/ Dann in jh-dem
nen ist alle weißheit Gottes/ vnd alle Mēn-
kunst Gottes. Nun seind die künst schen
Gottes bey den Engeln all/vnnd alle vnnd
dermassen auff der erden/ Die Engel Engel.
seind lauter vnd rein/ darumb seind sie
ewigklich ohne allen schlaff/ Der Künst
mensch hat den leib der schlafft/ dar-Gottes
umb so můß man jn erwecken/auff dz seind
er kom in die weißheit der Engel/ das bey al-
ist/ inn die weißheit vnnd kunst Got-len En-
tes. Die künst Gottes seind die/vnnd geln vñ
seind in den Engeln alle offenbarung auff er-
aller natürlichen dingen/ allehandt-den al-
werck/ alle heimligkeit der natur/ alle so.
arcana der dingen/ alle eigenschafft
der Creaturen / alle arth der Ge-Engel
schöpff/ inn denselbigen ligen nun wissen
Medicina, Geomancia, Astrologia, alle
Astronomia, Pyromancia, Hy-
dromancia, Nectromancia, Gaba-
lia, Alchimia, Transplantatio,
　　　　　　　　　Reductio,

Reductio, Fixatio, Tinctura, Dise
ding alle seind in der natur/ das ist/ inn
den gescheften also zuuersthen / Die
Engel seind Magi, Artzet / sie können
fliegen/ wasser tretten/ durch mauren
gehen/ vnsichtig machen/ alle kranck-
heit heilē/ characteres, imagines &c.
machē/ wie gmelt ist/ So sie nū dz kōn
nen/ so wißt hierinn / dz solche natur vñ
solche kunst auch ist in kreutern/ in ster=
nen / in wurtzen/ in steinen/ in holtz/ ic.
außgetheilt/ als das in jnen die gantze
Nectromancia ist / die Geomancia,
die Astronomia, die Medicina, die
Alchimisten ic. Nun inn denselbigen
findet der mensch den effectum, aber
die kunst vnnd wissen bey jhme selbs/
also daß er sich mag gleich machen
den Engeln mit den wercken / dann
Gott hat sein macht inn kreutern ge-
ben/ in stein gelegt/ inn die samen ver-
borgen / in denselbigen sollen wirs ne-
men vnnd suchen/ Die Engel habens
bey jnen selbs/ der mensch aber nicht/
er hats inn der natur / bey derselbigen
soll

soll ers suchen/dann also ist die natur/
die ärndt/ durch die natur eröffnet der
mensch sein macht vnd erb seins vat-
ters der weißheit vnd der künsten / al-
so ist die macht der künsten vnd weiß-
heit Gottes dem menschen gegeben/
daß er sein soll ein Nectromanticus,
ein Geomanticus, ein Pyromanti-
cus, ein Hydromanticus, ein Gaba-
list/ ein Augurist / Dann dise ding alle
sind in Creaturen/ darumb daß sie der
mensch können soll/vnd wie jhm dise
Creaturen außweisen phylica, crea-
tum, urinam, pulsum inn der grossen
welt / also hie an dem ort wirdt jhme
auch da außgewiesen aller kranckheitē
art vnd eigenschafft/ vnd auff solchen
grund soll der Künstler geordnet vnd
gewidmet sein vnd gegründet/ daß er
da wisse an dem orth / daß Gott der
grund sey aller künsten / vnd in keinem   Gott
weg daran zweifeln / auch nicht dem   alleinist
Teuffel zůlegen / sonder der macht   der grū
Gottes· daß dieselbige die ist/ vnd sie   de aller
ist kunst vnd weißheit/ vnd hat sie ge-   künst.
geben

geben den Engeln/ also auch den crẽs
aturen Nicht das die creaturen sollen
haben/ sonder daß der mensch soll mit
jnen haben/ wissen vnd gebrauchen/
auff daß er auß der natur vnsichtbar
wirt/ fliege/ wasser trette/ vnd gesund
mache/ vnd dergleichen wie gemeldet
ist/ Der Teuffel kan die ding alle/ dann
er ist ein Engel/ aber imm verstossen
seind jm alle seine künst vnd weißheit
Teufels zu banckarten gemacht worden/ Zu
künst gleicherweiß wie ein dumer weitzen/
seind der nichts ist als ein staub/ vñ ist doch
banc- anzusehen etwas gerechts/ vnnd aber
kart. dumñ vnd doll/ dasselbig mischt sich in
die nit aufferwecken/ vnnd fürt sie inn
sein dumme kunst/ das thůt er den
banckarten der künsten vnd weißhei-
ten/ den ehelichen kan ers nicht thůn/
dann sie kennen den kärn/ vnnd er kan
allein das da dumm ist vnd ein raten/
Der Gott erbt inn seiner weißheit/ der
gehet vber wasser vnd nätzet kein fůß
nit/ dann inn der rechten erblichen
kunst ist der Mensch Englisch/ was
netzet

nezet der Engel? nichts / also auch
der Mensch nichts. Gott ist mechtig /
vnd sein mächtigkeit inn künsten vnd
weißheit wil er daß sie offenbar seind /
dem Menschen als wol als dem En-
gel / Dann er wil inn der erden / inn der
Welt / daß es sey wie im Himmel / nit
mit keuscheit / dann der leib scheidets
da / nicht mit fasten / dann der Leib
bewets da / Nicht mit wercken /
dann der Leib scheidets da / sonder
inn der weißheit vnnd künsten / Auß
dem volget hernach / Dem die kün-
ste / dem die / dem einen solche weiß-
heit / dem einen solche / wie sie dann
die Engel auch haben / inn demselbi-
gen seind wir Engel / vnnd leben inn
dem willen Gottes / vnnd seind Got-
tes.

Also durch den weg wirt sein will
in vns verbracht / dann wir seind wie
die Engel. Wie kan der narr sein nach
dem willen Gottes? gar nicht / Wie
kan der vnglert Man sein nach dem
willen Gottes? gar nit / Wie kan der

                                    nicht

nicht könnende mensch sein im willen Gottes? gar nit / Dise ding seind alle wider den willen Gottes / daß er wil vns nicht haben dumme Narren/ nichts wissend / nichts kündig/ nichts verstendig / Sonder er wil vns haben erweckt inn seiñ grossen natürlichen dingen/ die er geben hat / auff daß der Teuffel sehe/ daß wir Gottes seind/ vñ Engel seind/ Er wil nit daß allein predig der Apostel sey vnnd Johannes/ Philippus/ sonder er wil/ daß sie Apostel seien vnnd bleiben/ vnnd aber daß wir als sie auch seien. Er wil nicht daß Salomon allein weiß sey / sonder daß er der weise Man sey / vnd wir alle als wol als er/ Er redet nit daß Ptolomeus allein der Astronomus sey / sonder wir alle/ Zugleich erweiß daß er nicht wil einem allein den Himmel geben/ sonder allen / also wil er auch in seinen künsten vnd weißheiten / daß wirs alles auch seien. Vnd wie er für vns alle gelitten hat vnd erlößt / so wil er auch daß wirs alle seien im erbteil der künsten

sten vnd weißheit/ dann die ding sind
darumb beschaffen/ daß wir menschē
darinn ein erkandtnuß sollen haben/
vnd seind die ware rechte zeichen eins
rechten ehelichen kinds Gottes. Wer
wolt meynen / daß allein Salomon
solt weiß sein? als allein der verzweif-
felt mensch / der nicht erwachen wil/
Wer wolt sagen daß Gott erzürnet/
so ein Baur inn einer kamer bey dem
vihe oder mattenthal kåm in die weiß
heit Salomonis? ja nit allein in En-
glischen Bürgen vnnd Mattenthal/
sonder inn allen winckeln/ Seiffental/
Luthal / vnnd zu Griessen / darinnen
hat Gott ein wolgefallen / vnnd das
ist sein will / daß inn allen winckeln
weißheit vnnd kunst seind/dann er ist
jr aller vrsprung vnd brunnen / nit das
also ersticken solla / sonder daß sie also
von menschen gebraucht sollen wer-
den/auff der Erden wie im Himmel/
Dardurch erkennen wir wie vnser Gott
ist/was er ist/vnnd wie er vns mit tre-
wen meinet/ auch liebet vnnd haben

C

wil / Dann inn keinem weg soll mann
meynen oder glauben / daß er wölle
daß andere Menschen finsterer seien
vnd düncfler / sonder daß wir alle also
gelert seind auß Gott / vnnd erleucht
bey dem höchsten / Er hat kein freud
bey den Thören / bey den Narren / bey
den vnweisen / Auch nit daß allein in
einem lande ein weiß Man / ein raths
Man / ein Gelerter sey / sonder daß wir
alle gelert seind auß Gott in jme / auff
daß wir wissen wer vnser Gott sey / o-
der was er sey / Dann wir seind nit ge-
boren zu Narren / Thören / sonder in
den staffeln Salomonis / der Apostel
vnd des ewigen liechts zu ersettigen /
dann die einfalt wirdt niemandts be-
schirmen inn der verantwortung des
vrtheil tags / die den thören / narren /
vnweisen / ꝛc beschirmen würde / daṅ
Gott hat vns nit die einfalt fürgehal-
ten / sonder der ewigen weißheitkunst /
vnnd Gott darinn zu preisen vnnd zu
ehren vnd loben / daß die welt inn sol-
chen tugenden wie der Himmel voll
sey /

fey / Solches voll werden wirdt müſ=
ſen beschehen / wo nicht / ſo wirt vber
vnſer kunſt der tag des gerichts / das
wir nicht annemen vnnd erwachen in
dem / darumb wir auff erden ſeind.

Alſo wie fürgehalten iſt / daß der
ſone ſoll dem vatter gleich ſein / vnnd
die anatomey im vatter hats alſo / daß
er alle glider ſoll dem vatter gleich ha=
ben / das iſt / alſo volkommen / vnnd
inn ſolcher volkommenheit hat der
vatter der weißheit vnnd der künſten
ein wolgefallen inn ſeinem Sohn /
Dann welcher vatter iſt der / der nicht
begeret / daß ſein Sohn jhm gleich
ſey? oder welcher begert daß ſeine kin=
der weniger glider haben am leib / daß
er ſelbſt? ſonder ſo es möglich were /
ſo wers eins jeden vatter begeren / daß
er noch mehr het dann er / vnd vber jn
würde / Alſo ſollen wir vns auch inn
Gott erſehen / daß er alle weißheit vñ
kunſt iſt / vnd jm widerſteht nichts / ſo
wir jme glauben / daß wir ſeine kinder

O ij

seind / so werden wir berg auff berg
setzen / sie fellen inn das Meer / also ist
sein will / Das seind eheliche kinder/
was also da nit ist / das ist allein ban-
ckart/vnd glider von hüren/ deren an-
zeigung gemeldet ist mit was weiß-
heit vnnd kunst sie auff erden regieren
vnnd seind / Welcher wil hinwerffen
die kunst der Artzney? niemands/dañ
sie ist auß Gott / ist beschaffen / vnnd
was beschaffen ist/darzů seind wir ge-
zwungen/dasselbig zu erben/ dañ also
durch die Artzney beweißt Gott seine
trew gůten vñ bösen / Zugleicherweiß
wie er mit der Sonnen handelt / die
den gůten vnnd bösen vberscheinet zu
jeglichs nutz/also verordnet er die artz-
ney auch da inn solchen dingen / be-
treffend leibliche ding an / wil Gott
nit daß wir jne tadlen/ Also auch/wer
wil hinlegen die kunst astronomiam?
niemands / dann vrsach/ der Himmel
ist ein erb vnsers leibs / den gůt vnnd
böß zumachen/darumb so wir jm mö-
gen fürkommen vnnd kennen / sollen
wir

wir jhne erkennen/ vnnd wiſſen wie er
ſey / Zugleicherweiß wie wir die ſpeiß
wiſſen vnd erkennen / die vns den leib
auffenthalt / alſo ſollen wir auch wiſ-
ſen ander ding die nit ſpeiß ſeind/ vnd
ſeind doch des leibs notturfft.

Wer wil widerreden Gabaliſticā?
niemandts / dann der vnuerſtendige/
Dann vrſach / Gabaliſtica vns be-
wert ſo vil/ daß wir ſehē/ daß wir Eñ-
gel ſeind / vnnd daß die ſeel ewig iſt in
vns/ vnnd darumb nit/ ſonder der leib
iſt gar todt vnd nichts werdt / alſo nit
allein mit diſen / ſonder auch mit an-
dern dergleichen / die da anzeigen vn-
ſern gewalt/ das iſt/ den ehelichen ge-
walt vber die hürenkinder der weiß-
heit / vnnd darumb das der Menſch
thůt / daß dem leib in ſeinen vihiſchen
verſtand nit gehen mag oder zuglau-
ben iſt/ darumb iſt Gott zuloben/ dañ
er wil nit den vihiſchen verſtandt bey
vns haben/ ſonder ſein weißheit vnnd
ſein kunſt / vnnd der da weißt was in
Tapſo iſt / derſelbig weißt nit natu-

O iij

ram Tapſi, ſonder donum Dei, Der
da weißt die natur Nigellæ, der weiße
nicht ſein eigen kunſt / ſonder Gottes
kunſt / Was iſt des Menſchen kunſt?
nichts / Was der kreuter kunſt? nichts /
dann ſie können beide nicht reden /
Gottes iſt die kunſt. Tranſmutirt der
Philoſophus / Tranſmutirt der Spa-
grus / er thůts nicht / die natur thůts /
Die natur auch nicht / die kunſt in der
natur die Gottes iſt / der wil nicht al-
lein daß ſo gleich ein ding bleibet wie
es die erden gibt / wie es das waſſer
gibt / der Himmel gibt / der lufft gibt /
ſonder er wils / daß wirs auch ma-
chen / vnnd jhme nach thůn das / das
er thůt / Auß krafft ſolcher gebner na-
tur durch jn / dann er macht auß holtz
ſtein vnnd anderſt mehr / er wil auch
nicht / daß alſo bleibt / ſonder weiter
ſolche wunderwerck vil braucht wer-
den / Alſo zu gleicher weiß / wir ſollen
den Himmel herrſchen / vnnd ſollen
ihn

*Der
menſch
ſoll vol-
lenden
vñ vol-
fůren
die mit-
tel Got-
tes.*

*Sapiens
imperat
aſtris.*

ihn regieren/vnd er nicht vns/So das
nun also ist / vnnd mag nit widerredet
werden/also müß es auch sein/daß nit
allein das wasser ein mütter sey auri,
auch die erden nicht allein ein mütter
fiammulæ, sonder auch der Mensch/
Vnd wiewol durch das wasser/ durch
die erden das beschicht / jedoch ist der
Mensch die ander mütter / Gibt der
Commet im Himmel zwo Sonnen/
drey Sonnen/gibt stein von Himmel/
gibt stral von Himmel / also auch wi-
der hinauff nicht allein stein vnd stral/
sonder auch Blitz vnnd Donner/Dise
ding seind dem Menschen fürzubil-
den / nicht allein daß er sich ver-
wundere / darumb daß die erden so
seltzam ding mache vnd zwinge/son-
der daß er noch seltzamer sey / dann
diß all vnnd der Menscheyt vnder
dem vnuernünfftigen vnnd vnmün-
digen Gestirn vnnd Erden lebe/son-
der vber sie erhöhet / wo sie eins/
der Mensch zehen hingegen/ dann
er thûts alles auß den Künsten
Q iiij

vnd krafft Gottes / vnd so vil er mehr
ist dann die vier Elementen / so vil soll
er sich auch mehr erzeigen.

Dise ding seind nun geredt vonn
Englischen Menschen / das ist/ daß
wir im selbigen sollen leben vñ betrach
ten/daß all vnser werck/ thůn vnd las=
sen/ weißheit vnd kunst/ıc. gehen auß
Gott.

Nun aber wie von deren gemeldet
ist/ auß was grund die weißheit vnnd
kunst gehen/ so wirdt sich nun weiter
gebüren zureden von dem grund des
vihischen verstands/dann der mensch
hat zwen verstand / den Englischen
vnd den Vihischen / Der Englisch ist
ewig vnd ist auß Gott/ vnd bleibt bey
Gott/Der Vihisch ist auch auß Gott/
vnnd ist in vns / vnd ist aber nit ewig/
dann der leib stirbt/ vnd sie mit jhme/
dann kein vihisch ding bleibet nach
dem todt / der todt ist allein des vihi=
schen tod / vnd nicht des ewigen.

Vom selbigen weiter zu schreiben
ist mein

ist mein will vnd lust/ auff das/ daß jr
sehet/ was nit mit dem Himmel vnnd
Erden stirbt/ vnd was nit jhnen zer-
gehet/ auff daß jr nit Vihisch/ sonder
Englisch lebet/ Das vihe ist kein men-
sche/ ist nur ein thier/ Der Mensch ist
kein thier/ ist Gottes bildnuß/ Aber
daß der mesch der werckzeug ist/ durch
den Gott sein Wunder offenbaret.
Darumb ist er ein vihe/ der vrsach/ dz
er tödlich ist/ nicht der mensch/ sonder
das thier ist tödtlich/ Der Mensch
wirt aufferstehen am Jüngsten tag/
vnnd erscheinen vor Gott/ aber das
thier nit/ das vihisch nit/ der mensch
wirdt rechnung geben vmb sein ding/
aber das thier nit/ Darumb was das
thier suchet/ ist das der mensch fürt/
vnd neert/ vnnd selbst ist vnnd tregt/
wil ich nachuolgend beschreiben/ auff
daß jr den krancken erkennet.

Dann durch die vihische vernunfft
werdet jhr den banckart finden/ das
mißgewechß/ Dann da ist es ein
mißgewechß/ das nichts ist/ als allein

paulus
1. Cor.
15. Es
wirdt
geseet
ein na-
türli-
cher
leib/ vñ
wirdt
auffer-
stehen
ein geist
licher
leib.

Q v

das vihe / Also der Mensch der wie
ein Mensch ist inn seiner weißheit
vnnd Künsten / der ist ein mißge-
wechß / darumb er ist kein mensch / er
ist ein vihe.

Nun aber dieweil dieselbige so
groß ist bey den menschen / vnnd so
treffluch bey denselbigen / ist von nö-
then dieselbige sonderlich wol außzu-
streichen / damit das vihe in seiner art
wo es sein weißheit neme vnd verste-
he/erkennt werden/damit mann jme
nicht anderst / dann wie dem vihe
glauben gebe/vnd im selbigen schrei-
ben / am aller ersten den spiegel des
vihischen verstands vnnd liechts für-
zuhalten/ also daß der Mensch im sel-
bigen sehe was sein spiegel sey / vnnd
wem er vergleichet werd / vnnd auß
wem er rede / vnnd mit wem er gleich
stehe vnnd sey / vnnd was doch sein
grund sey / auff daß er sich selbst wol
erkennen / vnnd sein kunst vnnd weiß-
heit wisse / ꝛc. wie hoch vnnd groß sie
stehe/

stehe / vnnd inn was werdtschafft sie
seind / vnd nach vollendung derselbi-
gen / wil ich euch weiter entdecken der
Englischen künsten vrsprung / wie
sie in vns ligen vnnd kommen / vnnd
dergleichen nachuolgend wie sie zu
banckarten werden / vnnd darbey die
vihische kunst vnnd weißheyt entde-
cken / mit einem beschluß euch allen zu
verstehen / was weißheit inn allweg
vnnd was kunst inn Menschen-
seind / vnnd was sein ver-
mögen sey.

*

Da

Der Dritt Tractat/
Von dem grund der Künsten vnd Weißheiten.

ESIter des Menschen Kunst vnnd Weißheit gar zu beschreiben/ ist vō nöten/ Nun weiter zu wissen vonn dem vrsprung seiner thierischen vernunfft/ Dann / so vorhin ist das Englisch angezeigt / vnd weiter wirt allein das thierisch inngehalten.

Nun ist der Mensch auch ein kind im selbigen/ das ist / er ist die letste Creatur / vnnd nach allen beschaffen. Dieweil er nun die letste ist / so ist vor jme das beschaffen / darauß dann er beschaffen hat sollen werden/ Dann allein darumb ist er am letsten gemachet worden / daß er nicht mögen hat werden

Der mensch ist die letste creatur beschaffen.

werden aufſer den dingen / die nicht
vor jhme beſchaffen weren worden/
alſo zuuerſtehen / alles das da iſt inn
der Welt von allen thieriſchen/ iſt ſein
vatter / Zu gleicherweiß wie er geſetzt
iſt inn der groſſen vnd kleinen Spher/
vnnd ein Artzet alle kranckheit hie-
rauß ſol erfarē/ als auß ſeinem vatter/
betreffen ſeiñ leib dermaſſen / Nun
vorhin ſo iſt er auch in ſeiner vihiſchen
vernunfft alſo auch beſchaffen/ daß er
ein kind iſt aller thieren/vnnd alle thier
ſeind ſein vatter / vnd er iſt nun ein vat
ter / Darumb dieweil der menſch auß
den vihiſchen thieren ſein vihiſche ver
nunfft nimpt / ſo der vatter von dem
ſohn müſſen geſchaffen werden / alſo
ſeind alle thier beſchaffen / ſo weit die
vihiſche vernunfft berürt vnnd innen
halt/vnd am letſten. diſe vernunfft al-
le hat eiñ Sohn / der iſt der Menſch/
derſelbig iſt ſeines leibs ordnung / ge-
ſetzt inn die vier theil der Welt / vnnd
ſeiner vernunfft halben in die vier ge-
ſchlecht der thieren/das iſt, wie ſie inn

Der
tieriſch
menſch
hat nun
eiñ vat-
ter.

                                  den

den vier theilen begriffen werden/ vm̄
waſſer lufft/ feur/ vnd erden.

Nun aber hierinn wiſſet/ daß thier
vnd thier ein ding iſt in der geburt/ als
dann das iſt/ das vihiſch/ ſo nicht ver-
nunfft hat / Dann die thieriſche vnnd
vihiſche vernunfft iſt vnn dem Men-
ſchen ein ding / vnnd ſeind nicht von
einander geſchaiden/ ſonder ein thier/
Auß dem volget nun / daß der menſch
die thier haben müß zu ſeiner ſpeiß/ zu
ſeiner notturfft/ zu ſeiner geſundheit/
ꝛc. vnnd kein thier auff erden nicht iſt/
es ſey von wegen des Menſchen da/
vnd beſchaffen/ alſo/ daß jhnen allen
der Menſch gemacht worden / dar-
umb ſo mag er ohne ſie nicht ſein / er
müß ſie haben/ Vnnd zu gleicherweiß
wie der Menſch dieſelbigen begeret
zu wiſſen / vnnd werden jhme / vnnd
ſeind ſeine ſpeiß / vnnd ſpeiſen jhn.

Was vrſach der menſche der thieren ſich behelffen müß.

Alſo wiſſet auch / daß ſie darumb
das thůn/ vnd jhn füren/ daß ſie einer
materia

materia seind/wie ein Vatter vnnd ein
Sohn einerley ist/vnnd doch zweiter=
ley.

Also dieweil der mensch dermassen
beschaffen ist/darumb ist auch das vi=
he sein narung/Dann gleich füret sei=
nes gleichen/vnd das er selbst ist/vnd
das sein auß ime kompt/also wie och=
sen fleisch/Hirsch fleisch/Menschen
fleisch ist/darumb so er isset/so wirt es
dasselbig/Vnd so ein Saw menschen
fleisch isset/so wirdt es schweinen
fleisch/Also hund vnd ander/darumb
beschicht das/daß ein ding ist ein ma=
teria vnd geschöpff/vnd eins des an=
dern vatter/darumb verwandelt es
sich in die speiß des andern/also wie dz
in der speiß ein ding ist vnd ein vereini=
gung/vnd nichts da ein mittel ist daß
die kochung im magen/zu solcher be=
reitung/also ist auch im menschen sein
vihische vernunfft ein ding/mit dem
vihe vñ thierē/also dz der mensch sich
vgleicht den wildē vñ heimischē thie=
ren/den vöglen/den fischen/vñ nichts
ist

ist auff erden vonn thieren / des ver=
nunfft nicht im menschen sey / vnnd
kein vernunfft nicht im menschen/das
nicht auch in thieren sei/ kein geschick=
ligkeit/ kein vihisch weißheit / vihische
fürsichtigkeit/ ꝛc. vnd was dergleichen
ist / seind alle in menschen wie im vi=
he/im vihe wie im menschen/Dann es
ist ein ding/vnnd das vihe ist vor dem
menschen beschaffen/ vnd die vihische
vernunfft außgetheilt/ vnnd als dann
der mensch auß jhnen gemacht/ vnnd
ist die letst Creatur des vihes kind vnd
geburt.

Mensch ist des vihes kind vn̄ geburt.

Nun auff das gebüret sich den
Menschen inn seinem vihischen ver=
stand zu erkennen / also / daß mann
wisse was vihische vernunfft sey / vnd
daß mann wisse was vihische ver=
nunfft von Englischen zu erkennen/
So wisset daß alle ding des sohns al=
lein durch den vatter sollen erkennet
werden / dann das der vatter ist λ ist
auch der Sohn / So nun vor allen
dingen

dingen einem Philosopho, Medico
natural: &c. zůstehet / von der wur-
tzen anzufahen zu reden / vnd vom vr-
sprung / So wisset daß der mensch in
jhme selbs vnnd durch sich selbs inn
seiner fürsichtigen vernunffe nit mag
erkennt werden / aber durch seinen
Vatter / durch den er vihisch inn ver-
nunfft ist gesetzt worden / Darumb
der mensch ein vihe ist vnnd ein thier/
Darumb ein thier / daß er von thieren
ist / Darumb ein vihe / daß er vihisch
vernunfft / weißheit / vihisch kunst / 2c.
hat vnd tregt　　So nun der Mensch
in solchen dingen soll erkent werden /
so můß der vatter am ersten die er-
kandtnuß an tag legen / als daß durch
den sohn.

Nun volget auff das / daß die thier
des menschen Spiegel seind / vnd der
mensch sich soll inn demselbigen erse-
hen / dann er auch ist wie sie / vnnd sie
wie er / Der ist einfeltig / der das thier
ansihet / vnnd verwunderet sich daß
　　　　　　　　　　　K

der Hund seinen pruntz kennet / Also
auch / daß die Vögel so wol singen /
vnnd dergleichen inn anderen vihi-
schen dingen / so das vihe hat in jhme/
Der Mensch soll sich das nicht ver-
wunderen lassen / daß sein Vatter das
kan / sonder das vihe solt sich billicher
verwundern ab seinem Sohn / daß er
so gantz vihisch hernach ist vnnd lebt/
denn der Vatter ab dem Sohn/ nicht
der Sohn ab dem Vatter zu verwun-
dern ist / Schlahet sich ein Mensch
zů gegen dem andern/ vnnd liebt sich/
ist vihischer vernunfft / wie die hund
schlahen sich zů / wo sie gewiß wissen
oder hoffen / das ist ein vihisch ver-
stand / vnnd der mensch so er sich zů-
schlahet gegē einem andern/ ist nichts
als allein ein vihischer verstand / also/
das der mensch von seines nutzes we-
gen auch thůt/ vnd wo der nicht wer/
so thete ers nicht/ Darumb ab dem sol
sich der mensch nit verwundern / das
der Hundt auch thůt / dann er thůt
wie der Mensch / auß vrsach / der
mensch

mensch ist auß dem hund / vnd nit der
hund vom menschen / Darumb so soll
sich der Mensch verwundern / daß er
hündisch ist / vnnd nicht daß der hund
menschlich ist / Also sol man reden / der
hund ist als ein hund in seiner vihischē
vernunfft sein soll / vnd der mensch der
also auch ist / ist hündisch / dann er ge-
braucht hündische vernunfft vnd zů-
schlahen / vnnd der hund nit menschli-
che vernunfft / sonder hündisch ver-
nunfft / dann das ist groß jrrig geredt /
daß mann ein thier menschlich heißt /
das ist hindersich genommen in dem /
daß mann den Vatter nach dem So-
ne nennet / vnnd mann soll jhn dem
vatter nach nennen / Ein Saw die da
wüst ist / ist säwisch / also ein solcher
mensch auch säwisch / vnd ist recht ge-
redt / darumb der mensch hat von der
saw die sawische art / also auch ð mēsch
vom hund / so der Bappagey redt / der
Sittich / die Dolen / die Hätz / so sagt
jhr / Der vogel ist menschlich / er ist vi-
hisch / vnd des das er vom Menschen

R ij

lerne gemein wirdt / ist vorhin in jh=
me / vnnd der Mensch bringets nicht
in jhne / er ermanet jhn allein daran /
Darumb so ist der Vogel nicht mien=
schlich / sonder Bappageyisch / Do=
lisch / Sittisch / rc. vnnd der Mensch
der sein zunge nicht mit mehrerm nutz
brauchet / dann wie ein solcher vogel /
derselbig mensch ist Bappageyisch /
Dolisch / rc. kan nichts dann schwe=
tzen / klappern / vnnd weiter ist kein
safft in jhme / Darumb ist reden vnnd
schwetzen vihisch / Bappageyisch /
Alastrisch / Spechtisch / vnnd nicht
menschlich / die krafft der wörter aber /
die sollen menschlich sein.

Sehet an / du sagst / die vnuernünff
tigen thier zeigen ane jhren hunger
vnd begeren zu essen / als ein Meiß=
lin / das einem zu der hand fleuhet /
auff das / daß es esse / vnnd jhme der
Mensch gebe / Du solt dich des nicht
verwunderen / dann es ist so hoch
vnnd so edel inn der vihischen natur
als

als du / Kanstu es mit dem maul / so
kan es mit seinem gesang / Vnd so du
essen forderest / so forderts nicht dein
Engel in dir / sonder dein vihische na=
tur in dir / dieselbig forderts.

Nun bist du ein vihe/vnd bist Mei=
sen arth an dem orth / vnnd also aller
thier/vnd sie nicht deiner arth / du bist
jhrer arth / Darumb verwundere dich
nicht / daß das vihe so vil witz hat vnd
verstand / verwundere dich ab dem/
daß du den verstand auch also hast
wie das vihe/ vnnd bist ein vihe/vnnd
schlegst jhnen nach / vnd sie nicht dir
nach / Du nach jhnen/ vnnd sie nicht
nach dir.

Ein Schlang die da wundt wirdt/
die heilet sich selbs / dann warumb /
der Mensch suchet auch sein heilung
in Kreutern / in Samen / wauon hat
er die vernunfft vnd kunst: auß vihi=
scher arth / darumb suchet ers / Thuts
nun die Schlang/ so verwundere dich
K iij

nicht darab / dann du bist der Sone /
der Schlang dein vatter thůts / vnnd
du erbst jn / vnd thůsts auch / schlahest
deim vatter nach / vnnd er ist des ein
Doctor / vnd du also auß ein vihischē
verstand ein Doctor / wie ists denselbi=
gen geben / daß sie es wissen? vnd ken=
nen Serpentinam, kennen Colubri=
nam, kennen Chelidoniam, kennen
Consolidam, du aber kensts nit / dann

Kreuter haben ire namen vō rechtem vrsprũg
was du von jnen sihest / jetzt hast dein
natur / dein vihische mütter / dein Ler=
meister / das kraut hat seinen namen
nicht von dir / sonder vom rechten vr=
sprung Serpentina vonn der Ser=
pente.

Nun / die Schlang weißt jhr hilff /
vnnd kennet das Kraut / also ist in dir
ein solcher verstand auch / daß du das
kennen solt durch denselbigen geist /
der die Schlangen leret vnnd vnder=
weiset / vnnd ist der vihisch geist / vnd
gehört dir auch zů.

Darumb verwundere dich im sel=
bigen

bigen orth nicht / daß die Schlange
Arßney kan / sie hats lenger gehabt
dann du/vnnd du hasts vonn jhr/vnd
lernests vonn jhr / dann auß jhr mate-
ri der vihischen natur bist du beschaf-
fen/darumb seind jhr beide gleich.

Also weiter solt du wissen / daß der
vihisch verstandtlich vernunfft ꝛc. wie
er im menschen ist / also ist er auch inn
allen thieren / vnnd aller thieren ver-
nunfft ist eines menschen vernunfft/
vnnd im menschen ist aller thier ver-
nunfft/ vnd aller thier weißheit klüg-
heit listigkeit fürsichtigkeit verstand/
ꝛc. alles imm menschen zusamen ge-
kropfft / vñ in eiñ menschen gebracht/
alles inn ein haut / das sonst im vihe
außgetheilet ligt / so weit die gantze
Welt außgetheilet ist mit rihe / das
selbig ist alles zusammen gefasset in
ein hirn / also daß kein thier auff Er-
den ist / sein eigenschafft/ seins ver-
standes vnnd vernunfft ist im men-
schen / Vnnd also ist der Mensche

Im me-
schen ist
aller
thier
vernüft
vnnd
weiß-
heit/ vñ
erkant-
nuß.

K ⁗ij

das höchst thier / vnd das gröst thier/
vnnd vbertrifft alle thier / Dann die
thier mangeln der gantzen thierischen
natur inn einem jhres gleichen allein/
sonder ein jeglich geschlecht hat sein
theil / Aber im menschen seind alle ge=
schlecht vnd theil / Darumb weiter
vom selbigen zu wissen ist / wie
inn den Kreutern die krafft außtheilt/
ligt vnd seind/das also/das also/ vnnd
dahin sie gut seind/ seind alle im men=
schen/ vnd so vil vnnd so manigfaltig
auff der erden/ das im menschen so in
einem kleinen tropffen begriffen ist
vnd wirdt.

So nun der Menschen vihischer
verstand / vernunfft vnnd weißheit/
fürsichtigkeit / soll erkent werden wie
er sey/ so muß er auß dem vihe erkennt
werden / dann dieselbigen prefigurirn
jhne für/ also/ was in jhnen ist/ dassel=
big ist auch im menschen. Zu gleicher=
weiß wie die Engel im Himmel den
Menschen inn seiner menschlichen
weiß=

Aller
kreuter
kräfft
ligt im
men=
schen.

weißheit fürbilden / vnd die vier Ele-
ment sein Corpus anzeigen / also das
vihe sein thierische weißheit / vernüfft
vnd kunst.

Nun ist die vihische vernunfft auß
dem vihe zunemen / vnnd sie dem
Menschen zůzulegen / vnd all jr kunst.
Ihr sehet daß die Vögel jnen nach
jhrer notturfft nester machen / also ist
auch ein vihischer verstand im Men-
schen / was er zu seiner wonung be-
reitet / vnnd dergleichen / dann alle ge-
bew der Menschen gehen auß der
vernunfft wie das vihe / das auß jhme
selbst bawet / Vnd weiter ist der baw
des Menschens nichts anderst dann
ein vihischer baw / Also weiter / was
der Mensch auß solchem baw ver-
macht / das ist volfürung vihischen
verstands / das ist / er wirt Abgöttisch
gemacht vnd wirt für recht gehalten /
vnd ist nit vihisch.
Ihr sehet daß die jungen von den
alten gespeiset werden / vnd die alten

K　v

Vögel vnnd thier erneeren die Jun=
gen / Das ist nun ein vihische ver=
nunfft vnnd weißheit / also ist sie im
Menschen auch / vnd erbt vom vihe/
in menschen / vnnd wie ein thier seine
Jungen lieber hat / dann andere / also
auch vnder den menschen einer mehr
dann der ander solcher natur innen
haltet / vnnd bey jhme hat/ jedoch so
seind sie alle vihisch / vnnd nichts
Englisch noch ewigs.

Also wie ein liebe vnder dem vihe
ist / daß sich par vnnd par zusammen
haltet / Weiblin vnnd Mänlin / also
auch vnder den Menschen solche
liebe vihisch ist / vnnd von vihes arth
ererbet / vnnd mag durch dasselbige
nichts mehr / als vihisch verdienst /
nutz vnnd lieb erlangen / vnnd ist ein
tödtliche liebe / die nicht bestehet/
trifft allein ane ein vihische vernunfft
vnnd arbeit / höher ist es nicht zu
bringen / daß einer dem andern hold
vnnd günstig vngünstig ist / nimpt
sich

*Die pa=
rung d
mêsche
vnd zu=
samen
haltüg
ist vi=
hisch.*

sich auß disem vihischen verstand.

Vnnd so die Hunde mit einander
vneins werden / beissen einander /
geschicht auß neid / auß geitz / daß der
eine das allein haben wil / fressen / vnd
dem anderen nichts lassen / also das
ist vihisch / also ist auch der Mensch
ein sohn der Hunde / Darumb hanget
dem Menschen ane solcher neid vnd
vntrew / vergünstige arth / daß einer
dem anderen nichts lassen wil / sonder
alles allein fressen inn sich selbst / der=
massen / wie sie einander vmb ein
Hündin beissen / also ist auch Büle=
rey ein hündische arbeit / Dann solche
ding alle seind bey den thieren außzu=
lesen / vnnd wie sie in jhnen ist / also
auch im Menschen.

Büleret
ist ein
hündi=
sche ar=
beit.

Die vögel singen vnnd ist vihisch /
der mensch singt auch / vnd ist auch vi=
hisch / Visch schwimmen im wasser /
vnd neren sich des raubs / also der men
sche im lufft / vnd neret sich des raubs
was jm teglich wirt / dañ alles solches
ist

ist vihisch/ vnd das vihe hat solche art
an jhme auch / vnnd der Mensch ist
des vihes Sohn / vnnd darumb ists
an jhme auch/ Der ist ein Specht/ der
ein Dolen / der ein Rapp / der ein
Alaster/ der ein Fuchß/ der ein Wolff/
der ein Bär / vnnd seind freund vnnd
feind / So ist der mensch nichts an=
derst inn seiner vihischen natur/ eigen=
schafft vnd wesen / dann des vihes ein
sohn vnnd kind / vnd gleich dieselbi=
ge arth/ weißheit/ kunst/ vnd was das
vihe hat / das lernet der mensch vom
vihe/ vnd hats vihisch.

Woher nimpt der Mensch seine
künst/ daß er kochen kan/ vnnd vil sel=
tzam ding inn der Kuchen bereiten?
auß vihischem verstand / Denn sehet
an die Ammen / wie sie das honig ko-
chen vñ machen vñ bereiten/ welcher
ist jhnen ein solcher koch gleich? kein
mensch auff erden / darumb ist der
Vatter mehr dann der Sohn / Dann
beim Vatter bleibt allemal die höchst
kunst/

kunst / vnnd schwecht sich im Sohn /
als ein Lehrmeister / der hat allzeit ei-
nen mehrern verstand als sein Jün-
ger / der älter allzeit einen mehrern
als der jünger / vnd also für vnd für.

Nun wisset dermassen mit andern
künsten / was der mensch hat ist vi-
hisch / dann das vihe gebraucht sich
solcher künsten auch.

Wer kan Milch auß Graß ma-
chen? Niemandts dann die Küw / rc.
Wer Milch auß Fleisch? Niemandts
als der Frawen Brüst / das ist zu bei-
den seiten ein natur / vnnd ist vihisch /
Also bleibt allemal der vnsichtig mei-
ster vber den sichtigen / vnnd der vn-
sichtig ist der / der das vihe leret vnnd
vnderweiset / also daß einem jeglichen
bleibet sein wesen / arth vnnd eigen-
schafft.

Auß disem verborgen vihe geist
wachsen die Vögel in jhr vernunfft /
in jhr gesang / in jhr kunst / Also auch
der

der Mensch / im selbigen ligen alle ge-
sang / aller thieren arth / eigenschafft/
lehren / weißheit/ vnnd welche der vi-
he geist im Menschen herfür treibet
vnnd wecket / dasselbig springt her-
für im selbigen menschen / Der wirdt
ein wohnung bawen / der wirdt ein
Bawr/der ein Singer/der ein schwe-
tzer / vnnd aber dise ding alle seind vi-
hisch vnnd nichts Englisch / sonder
tödtlich vnnd sterblich/ darumb nicht
menschlich/ sonder vihisch.

Wie nun vom vihe der mensch erbt
sein vernunfft vnnd weißheit / kunst
vnnd dergleichen / vnnd wirdt vnnd
ist in allen dingen schwächer vnnd är-
mer dann das vihe / Dann das vihe
lernet von jhme selbst ohne Schul-
gäng sein Ampt / der Mensch nicht/
Darumb aber nicht / daß in jhme alle
vich arth ist/ Darumb so muß auß jh-
nen allen eine erweckt werden / vnnd
nicht mehr / dann alle vihe ligen im
menschen / aber nicht alle werden ge-
merckt

merckt vnnd erkennt oder offenbar.
Das iſt wol alſo / daß der menſch ein
Fuchß / dann ein Haß / darnach ein
Wolff wirdt / einander nach / nicht
aber auff ein mal / dann wie ſie auß=
getheilt ſeind in ſpecies, alſo müſſen
ſie auch ſonderlich im menſchen ſtatt
vnd platz haben / Darumb dieweil im
menſchen alle vihe art iſt / ſo müß ein
herauß treiben gelockt werden/ vñ die
ſelbig ſtehet zů der wal des Lehrmei=
ſters / Im menſchen ligen alle vogel=
ſpraach / Nun im menſchen reden ſie
ſich auß/ der durch das / der durch das
ꝛc. ſie werden auß jhme gelockt vnnd
gelernt/ das vihe aber lernt von jm ſel=
ber / darumb daß ſie in ſpecies geteilt
ſeind mit dem leib / ſo haben ſie auch
theilung der art / der menſch aber hat
nur ein leib/ vnd theilt ſich nit / darüb
ſo theilet die vihiſche vernunfft den
menſchen auch nit / ſonď er müß ſich
ſelbſt theilen vnnd erwecken inn dem/
das jme abgehet/ das es im kund her=
auß locket vnd treibt.

Die

Die Fisch können schwimmen / die
Vögel fliegen / Das vierfüssige Thier
gehet vngelernt.

Nun ist das inn dem leib ein arth /
welchen leib der mensch nit hat also /
darumb dz er nit dermassen schwim=
men vnnd fliegen kan / sonder seinen
leib den er hat / ist der wenigest vnder
allen thieren / vnd der gröbst / ellendest
vnnd vngeschickste / Darumb so muß
er seines leibs grobheit halben / seine
Söhne leren gehen / vnnd alle ding
lehren / nichts bringt er mit jhme das
offenbar sey / dann was er offenbar
machet / des alles ist der leib ein ge=
bresten / vnd die thier seind getheilt in
jhrem leib / das geflügel besonder / die
Fisch auch besonder / die Schlangen
besonder / die Hewschrecken beson.
der / Also der Mensch inn disem allein
gebresten hat / als allein was er lernt /
das kan er / sein leib ist dermassen / daß
er das lerne / schwimmen lerne / sprin=
gen / lauffen / schlahen / auch fliegen /
dann

dann der leib iſt dermaſſen ein weg/
der zurichten iſt/zu allen dingen abzu-
lernen/nichts herauß zulocken/dañ es
iſt nicht in jme wie ander art vnd ver-
nunfft vihiſcher natur.

Alſo weiter iſt der menſch zubeſehen
in ſeim vatter/vnd nemlich im Himel/
am Firmament / am gſtirn/ darauß er
dann auch worden vnnd gemacht iſt/
dann zu gleicherweiß wie der viſch im
waſſer vnd auß dem waſſer wirt vnd
wächßt / alſo iſt das Firmament des
menſchen weier / meer vnd ſee. Nun
wiſſet daß der menſch auß demſelbi-
gen ſein vihiſch vernunfft auch nimpt/
dann das vihe iſt dem Himel vnder-
worffen / vnd der menſch auch als ein
vihe/ darumb dann kompt die offen-
baren zeichen/ daß der menſch ſich im
ſelbigen erzeigt auch das vihe / Nun
darff der menſch nicht anderſt geden-
cken / dann daß ſein krieg / ſein hader/
ſein zanck auß nichten anderſt ſei/ dañ
auß vihiſcher natur / vnd auß dem ge-
ſtirn gefürt / das iſt/ er iſt auß dem ge-
ſtirn gemacht/darumb iſt er Mars/iſt

S

Auch Mercurius, ist auch Saturnus,
ist auch Sol, ist auch Luna, ist auch
Jupiter &c. vnd wirt denen vergleichet diser kriegt/der jsset/der werckt/
der singt/der greindt darzů/also teilen
sich auch die anhäng der Planeten vn̄
des gstirns/jr sehet daß im menschen
alle vihe sonderlich ligen/das ist/alle
thier ligen im menschen wie sie außwē
dig sind/one jrē leib/sonst alles/vn̄ seine species/vn̄ sein theilüg wirt im mē
sch̄e erhaltē/vn̄ nichts vo:behaltē/also
volgt auch auß dem Himel durch die
art/dz der mensch an jin hat die art d
Hanen/der Han ist Mars, also auch d
mensch Mars, so des species herauß

Mensch gelocket wirt/im Wolff ist Saturnus,
wirt also auch wie er im Wolff ist/also ist er
vom auch im menschen/dann der mensch
Himel wirt vom Himel nichts anderst gere=
geregirt girt/dann wie ein vihe/also wie d han
wie ein auffgeweckt wirt zu seiner zeit zu krāe/
vihe. vn̄ der Himel weckt jn/also auch der
mensch/dañ er ist ein han/vnd wie der
Himel den Wolff zu stelen reitzt vn̄ zu
rauben

räuben / also auch den menschen der
der Wolff ist.

Dise ding seind nun vihisch / also ist
der himel allein des vihes herr / vñ des‐
selbigen gewaltig / vñ nichts des men‐
schen / Dañ macht der himel den men‐
schen milt / gütig / gedultig / dz wañ sa‐
get / er ist wie ein schaff / vñ wie die lie‐
be soñ / so ist er in schaffs art / weißheit
vñ vnunfft vñ also regiert jn die sonn /
wie ein schaff vihe / vñ nit wie ein men‐
sche / dañ das vihe ist auß dem gstirn /
also wie es auß dem gstirn ist / also wirt
es mit jm geurtheilt vnd angehenckt /
vnnd ist ein ding / so weit es des vihes
art berürt / Der zornig ist / der ist zor‐
nig als ein schelliger Hundt / nicht als
ein Mensch / Der mörderisch ist / ist
mörderisch als ein Bär / Der diebisch
ist / ist diebisch als ein Aff / Der präch‐
tisch ist / bellet als ein Hund / Der hof‐
fertig ist / der ist hoffertig als ein Han /
Der vntrew ist / ist vntrew als ein
Hundt / Der güt Gesell ist / ist güt ge‐
sell als ein Hundt.

Nun ist das alles vihisch / vnnd

S ij

Himel
ist nicht
des mē‐
schen /
sonder
des vi‐
hes ge
waltig.

Vihe ist
auß dē
gstirn.

Alle tu=
gent vñ
vntu-
gent ha
ben jre
ſtern.

auß der vihiſchen arth / ſo hat die hof=
fart jren ſtern / die mörderey jrē ſtern /
die ehbꝛecherey jren ſtern / die vntrew
jren ſtern / vñ alſo für vnd für mit allen
andern / vñ wie im vihe die ſtern ſind /
alſo ſolt jr verſtehn daß ſie nit anderſt
im menſchen auch ſind / vnnd welcher
mēſch alſo vihiſch iſt in ſeinem weſen /
das iſt mit den vichämptern / der hat
dieſelbigen vich ſternen in jm auch / al=
ſo regiert ein ſtern den Wolff im wald
vnd den Wolff im menſchen / ein ſtern
den mörder im wald / das iſt den bärē /
vnd auch den bären im menſchen / ja
vihiſch iſt die vernunfft / die ſich den
thierē vergleicht / dañ es iſt vihiſch vñ
leiblich / als das vihe zum vihe ſich ver

Wie vñ
wz maſ-
ſen der
Himel
des mē-
ſchen ge
waltig.

gleicht / Alſo iſt der Himel leer ð men-
ſchen / dañ welche menſchen vihe ſind
vñ vihiſch leben vnd wonen / auß dem
volgt jm das lob / dz mañ ſpricht / ð iſt
wie ein Löw / der iſt wie ein Wolff / ð
iſt des vichs in wälden / dañ ð menſch
ſtirbt ein menſch / ein thier vihiſch.

So wie gemeldet / ſoll von dem euſ-
ſern der menſch erkent werden / dañ er
iſt

ift nichts wed allein das eusser / wz a-
ber in jm ist das nit hinein geht/das ist
vber das eusser des vihes/dañ es ist ein
teil Englisch / also nutzet jn nit weiter
das vihisch/ dañ vihisch sich zu gleben
vñ auffzuhalten/was weiter vbertrifft
das vihisch/dasselbig macht den men-
schen/Nun aber dz ich das vihisch hie
dermassen bedeut vnd anzeig/ist dar-
umb/daß der weiß man sehe vñ erkeñ/
wer er sey / vñ was das vihe sey/ dann
der ist nit weiß d wol bawen kan/ er ist
ein vihe/vñ ist nichts höher/ Ein Sit-
tich brauchet wol mehr kunst zu seind
nest dann ein Dolen/Tauben/so vil ist
er mehr/als ein sittich gegen einer tau-
ben / sind beide nichts dañ ein vihe/ d
wol singen kan/ist nichts als ein vich/
er ist gleich als ein Nachtigal vber den
Rappē/sind beide vihe vñ vögel/Der
wol schwetzen kan / ist nichts anderst
als ein thier ist / gleich als ein Specht
vber eiñ Kranich/sind beide thier/vnd
wie sie sich gradnen durch einand/also
auch im menschen / einer besser / einer
lieblicher/einer zoiniger/einer grimiger

S iij

vnd sind alle vihische wesen vñ eigen=
schafft / dem menschen ist kein lob zu=
geben / sond allein dem vihe / vnd dem
thier das in jnt ist / jr lob vnd jr zucht /
vñ jr ehr ist Gottes / das ist doch nichts
als allein ein vihisch lob / das ist / wie jn
das vihe lobt / preiß vñ ehr anlegt / der=
massen ist auch solch lob vom mēschē /
dañ in allen kräfften / wesen vñ art / ist
der mensch mit disen dingē nichts als
ein vihe / vñ in aller gestalt neben dem
vihe vor dem angesicht Gottes.

Darūb solches / dieweil es so vihisch
vor Gott ist / võ nōtē dem mēschen in
sich selbs zu erkennen / auff dz er nit fall
in die art / das er meyn / darūb dz er wol
schwetzē kan / sei Gott dester lieber / vñ
dester neher / d vil kunst kan oder vil vi
hische ding findet / dz er sich selbs in dē
dingē allein ein vihe wiß / vñ tōdtlich
mit den dingen allen / vñ nichts bleib=
lichs in denselbigē / darūb er weder re=
girē / lebē / essen / truncken / heissen / lerē /
ꝛc. nichts soll auß demselbigen / daß er
doch haben wil vor Gott zuerscheinē
nach seim tod / sond dise ding alle von
jm hinweg / daß weder fuchsßlistigkeit /
wolffsraub / schaffsmilte ꝛc. nichts er=

schein auff erdē / daṅ sie sind tödtlich /
vṅ d daṅ lebt , vṅ jm selbs wolgefalt /
derselb lebt tödtlich / vṅ vzert sein zeit
in tödtlichen dingē / vṅ nichts wirt vor
Gott erscheinē in seim reich / Daṅ wz
lust hat Gott am vogel / als allein von
wegē dz er des menschē vatter ist? das
ist / daß er eben dem menschē gleich ist
in seiner vihischen art / vṅ dz er vihisch
Gott lobt / aber mehr hat er auß dem
menschē gemacht / das ist / dz er nit vi-
hisch sein soll / sond ein mensch / was a-
ber vihisch ist an jm / dasselbig wirt al-
les von dem euffern vihe genommen /
vom Himmel vnnd vier Elementen /
diß sind alle tödtlich / dann der recht
mensch hat einē vatter / welcher ewig
ist / denselbigen sol er loben vnd preisen
vṅ nit disen vihe vatter. Der vatter im
himel hat dē mēschē vihisch gmacht,
nit druṅ zuwonē / sond druṅ zulebē. Hie-
mit wil ich die einweisung beschlossen
habē vō d erkätnuß des vihischē men
schē / wie er vß dē euffern gnomen wirt
vṅ geborn / auch wie er dēselbē anhāg
vṅ eins ist mit jm / vnd dz dasselbig vi-
hisch vnd nit ewig handel / sond alles
tödtlich / wie daṅ das vihe abstirbt.

Der mensch soll nit nur vihisch sein / sonder ein mensche.

Register diß Büchs/ zeigt a die erste, b die ander seit des blats.

A.

Astrum

Register.

S v

Register.

Klüg-

Register.

K.

L.

Liecht

Register.

Register.

N.

Register.

O.

P.

R.

S.

S d

Register.

T.

Vernunfft

Regiſter.

V.

W.

Getruckt zu Franckfurt / bey Chr.
Egenolffs Erben.
1565.